실무자를 위한 **지반앵커공법**

실무자를 위한
지반앵커공법

이 책은 지반앵커 설계자 및 시공 관리자를 위한 것으로, 지반앵커공법의 원리와 개념, 앵커 유형별 설계요령 및 시공관리요령, 유지관리방법 등 지반앵커공법에 대한 전반적인 개념을 제시하고자 하였다. 지반앵커공법은 비교적 적은 비용으로 매우 큰 힘을 얻을 수 있는 아주 경제적인 공법이며 지반에 설치되는 다른 공법에 비해 작용력을 직접 확인할 수 있고 유지관리가 가능하다는 커다란 장점이 있는 공법이다.

김지호, 정현식 저

씨아이알

서문

본 서는 지반앵커 설계자 및 시공 관리자를 위한 것이다.

지반앵커공법은 비교적 적은 비용으로 매우 큰 힘을 얻을 수 있는 아주 경제적인 공법이며 지반에 설치되는 다른 공법에 비해 작용력을 직접 확인할 수 있고 유지관리가 가능하다는 커다란 장점이 있는 공법이다. 원리를 제대로 이해하고 적용할 수 있다면 지반공학자에게 아주 매력적인 공법이 아닐 수 없다.

최근 국내에서 지반앵커공법에 대한 관심이 높아지는 반면 이에 대한 기준이 거의 마련되어 있지 않은 실정으로, 지반앵커 설계를 위해 일부 외국 도서가 번역되어 쓰이고 있으나 이 역시 국내 현실과 잘 맞지 않는다. 또한 외국의 경우 지반앵커공법과 관련된 기준은 비교적 상세하게 기술되어 있으나 국내에는 아직까지 관련 기준이 부족해 일부 현장에서는 공학적 원리가 맞지 않는 어이없는 앵커의 시공이 이루어지고 있는 것이 현실이다.

이런 국내 실정을 고려하여 지반앵커공법의 원리와 개념, 앵커 유형별 설계요령 및 시공관리요령, 유지관리방법 등 지반앵커공법에 대한 전반적인 개념을 제시하고자 하였다. 독자들이 지반앵커의 개념을 이해하는 데 조금이나마 도움이 될 수 있기를 바란다.

본 서의 구성은 다음과 같다.

본 서에서는 용어의 혼동을 막기 위해 가급적 외국문헌에 언급된 원어를 병기하였으며, 추후 용어의 통일에 관해서는 토론이 있어야 할 것으로 생각된다.

1장에서는 지반앵커공법에 대한 역사, 공법의 구성 및 분류 등 일반적인 내용을 서술하였다.

2장에서는 지반앵커 정착거동에 대한 이론적 개념을 중심으로 비교적 자세하게 설명하였다.

3장 설계편에는 기술자가 설계에 필요한 각종 기술자료를 충분히 수록하여 실무에서 쉽게 적용할 수 있도록 하였다.

지반앵커에서 인장은 지반앵커공법의 설치목적을 달성하는 중요한 단계로 4장에서 별도로 상세하게 설명하였으며 5장은 앵커시험의 수행과 해석에 대하여 설명하였다.

6장에서는 가설앵커와 영구앵커의 개념을 개략적으로 설명하고 부식방지의 기본적인 내용을 서술하였다.

7장에서는 유지관리의 개념과 방법, 보유응력의 측정방법과 재인장 등에 대하여 상세히 서술하였으며 8장은 적용사례를 계산 예와 같이 설명하여 실무에 적용이 용이하도록 하였다.

시공관리에 관한 내용을 9장에 둔 이유는 3~8장까지 설계자 및 관리자가 연속적으로 내용을 파악할 수 있도록 하기 위함이며, 9장의 내용은 시공관리자가 유의하여야 할 사항을 중심으로 서술하였기 때문이다.

본 서를 이용함에 있어서 1~2장은 이론적 배경, 3~8장은 설계자 및 관리감독자, 9장은 현장관리자가 참고하면 유용할 것으로 판단된다.

본 서에서 일부 그림과 사진이 중복 사용되었는데 이는 독자들의 편의를 위한 것이다.

본 서가 출판됨으로 국내 지반앵커공법의 발전에 조금이나마 보탬이 되기를 바라며, 출판을 위해 애써주신 도서출판 씨아이알 직원 및 사장님께도 감사드립니다.

2016년 2월

김지호

차 례

용어 설명

- **가설앵커(Temporary anchor)** : 지반앵커의 사용기간이 18~24개월 미만의 앵커로 별도의 방·부식 처리가 필요 없다.

- **고정하중/정착하중(Lock-off Load)** : 설계앵커력에 지반앵커의 공법특성에 기인하는 손실이 고려되어 초기에 재하하는 초기인장력에서 즉시손실이 제외된 실제 정착되는 하중이다. 보통 설계앵커력에 인장재의 리렉세이션, 지반의 크리프 등에 의한 장기손실이 고려되어 정착되는 하중으로 설계앵커력보다 조금 큰 값으로 정착된다.

- **그라우트(Grout)** : 천공 홀에 주입하여 지반앵커가 정착력을 발휘할 수 있도록 하는 인장재와 지반의 매개체로 '시멘트+물'의 배합체이다. 필요에 따라 조강제, 무수축 그라우트제 등 혼화제를 첨가하여 사용한다.

- **늘음량(Elongation, Deformation)** : 지반앵커에서 인장력 도입에 따른 변위를 의미하며 보통 신장량, 변형량, 늘음량 등 여러 가지로 불리고 있으나 본 서에서는 늘음량으로 한다.

- **마찰저항력(Ground/Grout bond value)** : 지반앵커의 정착력을 발휘하는 필수요소로 지반과 그라우트의 마찰저항에 의해 발휘되는 저항력.

- **복합형 앵커** : 지반앵커의 정착력을 확보하는 기본원리가 마찰형, 압축형 등 두 가지 이상의 원리가 조합되어 앵커의 정착력을 부담하는 지반과 그라우트에 전달되는 응력을 최소화되도록 하여 정착효율을 증대 또는 별도의 목적을 달성하기 위한 앵커.

- **부착저항력(Grout/Tendon bond value)** : 그라우트와 인장재의 부착저항에 의해 발휘되는 저항력.

- **설계앵커력(Design Load)** : 앵커가 적용하는 구조계의 안정해석을 통해서 얻어지며 앵커의 설계수명 동안 유지되어야 하는 하중.

- **수동형 앵커(Passive anchor)** : 인장력을 도입하지 않는 앵커로 외력에 의한 변위 발생 시 설치된 앵커 인장재의 허용 변위가 검토되어야 한다.

- **압축형 앵커(Compression type anchor)** : 지반앵커의 정착장을 형성하는 그라우트체가 앵커의

작용하중으로 인하여 압축력을 받도록 거동하는 앵커로 보통 마찰 압축형이라 칭하기도 하지만 본 서에서는 압축형으로 한다.

- 영구앵커(Permanent anchor) : 지반앵커의 사용기간이 24개월 이상 필요한 앵커로 구조물과 같이 구조체의 개념으로 설계되며 구조물의 설계수명 이상의 내구성이 필요하다. 별도의 부식방지 대책이 요구되며 유지관리를 위한 재인장 가능성 여부가 중요하다.

- 유효인장력/보유응력(Effective tension force/Residual stress) :앵커가 정착되고 임의시간이 경과한 후 설치된 앵커가 실제 보유하고 있는 인장력으로 로드셀, 리프트 오프 시험, 자가응력 진단 방식 등을 통해 확인할 수 있다.

- 유효 자유장(Effective free length) : 시공된 지반앵커의 하중-변위 관계에서 구해지는 설치된 앵커의 실제 자유장으로 정착장의 정착거동을 추정할 수 있다.

- 인장재/천공경 단면적비 : 천공 홀 단면적에 대한 인장재의 단면적비로 그라우트와 인장재의 부착 저항, 그라우트와 지반의 마찰저항을 발휘할 수 있도록 하는 한계비율로 보통 15% 미만으로 제한한다.

- 인장형/마찰형 앵커(Tension/Friction type anchor) : 지반앵커의 정착장을 형성하는 그라우트체가 앵커의 작용하중으로 인하여 인장력을 받도록 거동하는 앵커로 보통 마찰 인장형이라 칭하기도 하지만 본 서에서는 마찰형으로 한다.

- 자유장(Free length) : 지반앵커 정착장의 인발저항력을 목적하는 구조체에 전달하는 인장재로 인장재가 그라우트와 비부착되어 긴장하중에 대하여 자유롭게 늘어날 수 있도록 설치된다.

- 정열하중(Alinement Load) : 지반앵커의 인장, 시험과정에서 인장재의 직진성, 정착장치의 세팅에 의한 오차 등을 배제하기 위해 초기에 재하하는 하중으로 보통 설계하중의 5~10%를 적용한다.

- 정착구(Anchorage zone) : 지반앵커의 부착저항력을 목적하는 구조체에 직접 작용토록 하는 구성요소로 지압판과 정착헤드, 보호캡으로 구성된다.

- 정착장(Bond length) : 지중에 설치되어 지반앵커의 저항력을 직접 발휘하는 부분으로 보통 지반과 그라우트의 마찰저항, 그라우트와 인장재의 부착저항, 지반의 지압강도에 의해 앵커력을 발휘한다.

- 정착체/내하체(Anchorage unit) : 복합형 앵커 또는 제거식 앵커에서 앵커의 정착력을 확보하기 위해서 정착체와 그라우트의 부착저항력을 확보하도록 설치되는 구조체로 보통 제거식 앵커에서 인장재 제거 기능을 위해 인장재 전장을 자유길이로 확보하며 앵커의 정착력을 확보하기 위해 설치된다.

- 제거식 앵커(Removal anchor) : 보통 가설앵커에 적용되며 지반 환경, 민원문제 등에 대응하기 위하여 지반앵커 해체 후 인장재를 제거할 수 있는 앵커. 제거식 앵커에서 앵커의 정착력을 발휘하기 위한 정착체의 제거가 가능한 앵커는 아직 개발되어 있지 않으며 일반적으로 인장재의 제거를 의미한다.

- 주동형 앵커(Active anchor) : 일반적으로 적용되는 지반앵커로 인장력을 도입함으로 변위를 제어할 목적으로 사용된다.

- 지반앵커(Ground anchor) : 국내에서 지반앵커공법에 대한 정확한 명칭은 아직 정해지지 않았다. 일반적으로 가설앵커를 어스앵커, 영구앵커를 록 앵커로 호칭하는데, 이는 정착지반에 대한 분류 방법으로 어떤 공학적 차이 또는 근거를 제시하기 쉽지 않다. 본 서에서는 두 가지 개념을 모두 합해 지반앵커를 정식명칭으로 하며 약칭을 '앵커'로 한다.

- 지압형 앵커(Expansion type anchor) : 지반앵커의 정착력을 확보하는 기본원리가 지반과 그라우트의 마찰저항이 아닌 지반의 지압강도를 이용하여 정착력을 확보하는 앵커.

- 초기인장력(Stressing Force, Jacking Force) : 설계앵커력에 정착장치의 응력손실과 장기응력손실이 고려되어 결정되며 실무에서의 초기인장하중을 의미한다. 초기긴장력으로 불리기도 하지만 본 서에서는 초기인장력으로 한다.

- 확공형 앵커(Enlarged cylinder type anchor) : 지반앵커의 정착력을 증대시키기 위해 정착장 부분을 확공하여 마찰력 외에 정착장 선단부의 지지 효과를 이용하여 정착토록 하는 앵커.

기호 설명

- A_s : 인장재의 단면적
- A_b : 블록의 접지면적
- A_c : 정착체의 압축면적
- A_g : 그라우트체의 순 단면적
- A_D : 천공 홀(그라우트체)의 단면적
- D : 천공 직경(Drill hole dia.)
- d_e : 인장재의 유효직경
- E_s : 인장재의 탄성계수
- F_{ckg} : 그라우트 압축강도(Characteristic strength of Grout)
- F_d : 설계하중(Design load)
- F_j : 초기인장력(Jacking force)
- $F_{jmax.}$: 최대인장력(Max. jacking force)
- $F_{a.l}$: 정렬하중(Alignment load)
- $F_{l.o}$: 고정하중(Lock off load)
- F_r : 보유하중/잔류하중(Residual load)
- F_{final} : 최종 보유하중(Max. final load)
- f_{ub} : 그라우트/인장재 부착저항(Max. bond strength)
- f_{us} : 인장재 극한하중(Ultimate strength)
- f_y : 인장재 항복하중(Yield strength)
- $L_{fav.}$: 평균 자유장(Avr. free length)
- L_b : 정착장(Bond length)
- L_f : 자유장(Free length)

- $L_{b\max.}$: 최대청착장(Max. bond length)
- $L_{b\min.}$: 최소정착장(Min. bond length)
- L_{ef} : 유효 자유장(Effective free length)
- $L_{f\min.}$: 최소자유장(Min. free length)
- $L_{f\max.}$: 최대자유장(Max. free length)
- L_j : 인장 잭 길이(Jack length)
- L_o : 인장을 위한 여유장(Stressing length)
- L_t : 앵커 총길이(Anchor length)
- Δl : 인장재의 변위량(늘음량, deformation)
- Δl_e : 인장재의 탄성 변위량(Elastic deformation)
- Δl_{perm} : 인장재의 소성 변위량(Plastic deformation)
- $\Delta l_{\min.}$: 최소늘음량(Min. deformation)
- $\Delta l_{\max.}$: 최대늘음량(Max. deformation)
- Δl_j : 인장력에 대한 늘음량(Elongation, Deformation)
- n : 인장재 가닥수(Number of strands)
- Δp : 인장력에 대한 응력 손실량(Stress loss)
- Δp_1 : Wedge draw-in에 의한 응력손실량
- Δp_2 : 인장재의 Relaxation에 의한 응력 손실량
- Δp_3 : 지반의 크리프 등 장기 응력손실량(Long term loss)
- Q : 인발저항력
- Q_{ult} : 극한인발저항력
- $S.F$: 안전율(Factor of safety)
- τ_u : 지반과 그라우트의 극한 마찰저항(Rock/Grout bond value)
- w : 그라우트의 물/시멘트 비
- σ_{ckg} : 재령 28일의 그라우트 압축강도
- σ_{cg} : 그라우트 압축강도

CHAPTER 01 일반사항

CHAPTER 01 일반사항

1.1 공법의 역사

　지반앵커공법은 1874년 런던~버밍햄 간 제방공사에서 프레져(Frazer)에 의해 시험 적용되었으며 이후, 1934년 앤더 코인(Ander Coyne)이 알제리의 Cheurfas Dam 공사에 적용한 것이 지반앵커공법의 시작이라 할 수 있다.

　지반앵커공법은 독일, 스위스 등 주로 유럽에서 발달하였으며, 1958년 독일의 Bauer system, 1969년 스위스의 VSL 사에서 탑다운 방식의 굴착공법에 적용되었고, VSL, Dywidag, BBRV, Freyssinet 등에 의해 교량기술과 함께 발달되었다. 지반앵커공법과 관련하여 1960년대부터 1970년대까지는 다양한 방식의 앵커가 개발되고 적용이 시도되었으며 많은 연구와 실험이 이루어졌던 시기이다.

　1970년대 이후 각국에서 지반앵커공법과 관련된 설계 및 시공기준이 제안되었으며 지반앵커공법 도입 후 1970년대까지 지반앵커와 관련된 다양한 사고유형과 원인분석, 많은 연구를 통해 지반앵커의 관리기준, 가설앵커와 영구앵커의 구분 등 세부적인 사항들이 정립되었다. 특히 이때부터 지반앵커에서의 영구앵커와 가설앵커의 개념이 구분되어 적용하기 시작했으며 FIP(1975), DIN(1972), SIA. Edtion(1977) B.S 등에서 가설앵커와 영구앵커의 설계 및 시공에 관한 기준이 마련됐다.

　한편, 국내에서의 지반앵커공법은 1970년대 처음 적용하기 시작하였고, 1980년대 이후 지하공간개발이 활성화되면서 깊은굴착에서의 가설앵커, 지하수위에 대응하기 위한 수압대응 앵커 등이 사용되기 시작하였으며, 사면안정, 드라이 도크, 타워 구조물, 터널굴착 등 적용범위가 다양해져 건설현장에서는 없어서는 안 될 매우 중요한 공법으로 자리 잡은 실정이다.

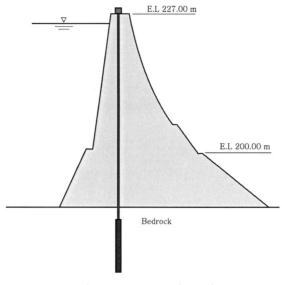

그림 1.1 Cheurfas Dam(Algeria)

지반앵커공법이 학문적으로 거론되기 시작한 것은 1969년 제7회 국제토질공학회의(멕시코)이며 이때 거론된 지반앵커에서 가장 중요한 문제는 '앵커력의 불변성'으로 이러한 문제는 지반앵커의 크리프, 인장재의 부식에 대한 내구성 확보 문제 등이다. 최근 지반앵커의 적용추세가 급격히 늘어나고 또 그 요구하는 목적에 따라 다양한 방식의 앵커들이 개발되어 보급되고 있다.

해외의 경우, 공법과 관련하여 다양한 연구가 이루어지고 관련 기준이 제정되어 있으나 국내의 경우는 그 공법의 중요성에도 불구하고 다양한 앵커의 정착거동 및 이에 대한 올바른 적용방법 등 설계기준이나 관리기준이 명확히 제시되지 않아 실무자들이 공법을 적용함에 있어서 다소 혼란이 있는 것이 현실이다.

최근 국내의 경우, 공법에 대한 관심이 많아지고 공법과 관련된 설계기준, 유지관리기준 등을 마련하려는 시도가 이루어지고 있으며 조만간 합리적인 기준이 제정될 것으로 보인다.

1.2 공법의 적용

지반공학 분야에서 비교적 적은 비용으로 큰 하중을 얻을 수 있는 지반앵커공법의 활용도는 거의 무한하다고 볼 수 있다. 70년대 이후 국내 및 해외 건설현장에서 앵커공법은 깊은굴착, 옹벽보강, 수압대응, 터널, 절토사면의 안정 등 다양한 분야에 적용되고 있으며 공법의 발달과 더불어 적용범위는 점차 늘어날 전망이며, 그림 1.2는 다양한 앵커공법의 적용 예를 보여주는 것이다.

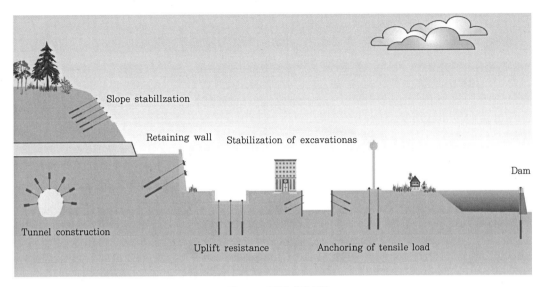

그림 1.2 지반앵커의 적용

지반앵커를 적용함에 있어서 중요한 것은 앵커의 사용목적이다. 즉, 앵커를 가설앵커로 사용할 것인지 아니면 영구앵커로 사용할 것인지 앵커의 사용목적을 명확히 하는 것이며 실무자는 앵커의 사용목적을 명확히 이해하고 적용하여야 한다.

사진 1.1은 가설앵커와 영구앵커로 적용된 예를 보여주는 것으로 각각의 경우에 적용되는 안전율과 시공관리 기준 등에 차이가 있다.

(a) 가설앵커 적용 예

사진 1.1 가설앵커와 영구앵커 적용 예

(b) 영구앵커 적용 예

사진 1.1 가설앵커와 영구앵커 적용 예(계속)

1.3 공법의 구성

지반앵커는 흙 또는 암반 등 지반 내부에 인장재를 설치하여 지반의 지압능력 또는 그라우트를 주입하여 지반과 그라우트의 마찰저항력을 이용하여 프리스트레스를 도입할 수 있도록 하는 공법이다. 그림 1.3과 같이 지반 내에 소요응력에 저항할 수 있도록 하는 정착장(bond length)과 정착장이 발휘하는 저항력을 구조체에 전달하는 자유장(free length), 필요한 하중을 목적하는 구조체에 직접 작용토록 하는 정착구(anchorage zone)로 구성된다.

지반앵커를 구성하는 세 가지 요소 중 정착구와 자유장의 역학적 상호거동은 공학적으로 비교적 명쾌하게 규명되어 있으나 지중에서 거동하는 지반앵커의 정착장에 대한 정착거동은 지반앵커의 다양한 정착방식에 비해 다소 미흡한 것이 현실이다.

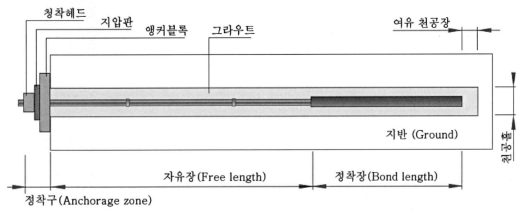

그림 1.3 지반앵커의 구성

1) 정착장(Bond length)

지반앵커에서 정착장은 지반 내에 설치되어 앵커의 정착력을 직접 발휘하는 부분으로 앵커를 구성하는 인장재와 천공 홀 내부에 채워지는 그라우트의 부착저항, 그라우트와 지반과의 마찰저항에 의해 정착력을 확보하게 되며 지반의 불균질성 및 진행성 파괴 등이 충분히 고려되어 안정성이 확보되어야 한다.

2) 자유장(Free length)

지반앵커에서 자유장 부분은 정착장의 정착력을 앵커 정착구에 전달하는 중요한 구성요소로 자유롭게 늘어날 수 있도록 처리되어야 한다.

또한 지반앵커에서 자유장은 인장작업의 결과로 나타나는 늘음량으로 확인 가능하며 설치된 앵커의 적합성 여부를 판단할 수 있는 중요한 판단 근거가 된다.

3) 정착구(Anchorage zone)

지반앵커의 정착구는 필요한 앵커력을 목적하는 구조체에 직접 작용토록 하는 중요한 구성요소로 보통 정착헤드와 웨지, 지압판으로 구성되며 강봉을 인장재로 사용하는 경우에는 정착너트와 지압판으로 구성된다.

1.4 지반앵커의 분류

지반앵커는 앵커의 정착방식, 사용기간, 앵커의 기능에 따라 다양하게 구분되며 자세한 내용은 그림 1.4와 같다.

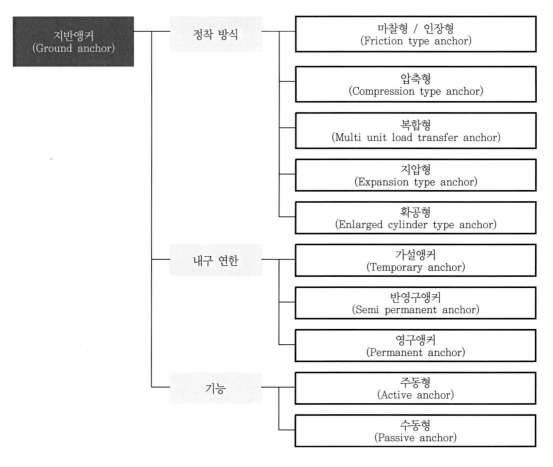

그림 1.4 지반앵커의 분류

지반앵커는 정착방식과 용도, 설치방식, 정착부의 형상에 따라 다양한 종류가 있으므로 사용목적과 앵커의 특성을 정확히 이해하고 적용해야 한다. 특히 지반앵커의 정착방식에 대해서는 정착 유형별로 공학적 원리가 상이하므로 각각 검토항목이 다르다는 점에 유의하여야 한다.

1.4.1 정착방식에 의한 분류

지반앵커 대부분의 정착은 기본적으로 지반과 그라우트의 마찰저항력에 의해 정착력이 확보되며 이때 지중에 주입되는 그라우트가 부담하는 응력조건에 따라 그라우트체가 인장력을 받도록 거동하는 마찰형 앵커(또는 인장형), 그라우트체가 압축력을 받도록 거동하는 압축형 앵커로 구분된다. 또한 그라우트와는 무관하게 지반의 지압강도를 이용하여 앵커의 정착력을 확보하는 지압형 앵커와 확공형 앵커 등이 있으며 최근에는 앵커의 정착력을 부담하는 지반과 그라우트에 전달되는 응력을 최소화되도록 하여 정착효율을 증대시킨 복합형 앵커 등이 많이 개발되어 적용되고 있다.

1) 마찰형/인장형 앵커(Friction type anchor)

마찰형 앵커는 지반앵커공법 중 가장 널리 사용되는 방식으로 앵커의 선단부에 인장재와 그라우트가 부착되도록 하여 정착력을 직접 발휘하는 정착장과 P.E 호스, 쉬스관 등을 사용하여 그라우트와 인장재가 부착되지 않도록 하여 인장재가 자유롭게 늘어날 수 있게 함으로 소요응력을 전달하는 자유장으로 구성된다.

마찰형 앵커는 정착구에서 하중을 재하할 때 정착장에 작용하는 하중작용점(loading point)이 그림 1.5와 같이 정착장 상부에 형성되어 정착장을 잡아당기는 형태로 작용되며 정착장을 형성하는 그라우트체에 인장력이 발생한다.

마찰형 앵커는 시공관리가 편리하고 지반조건의 변화에 따른 하중보유능력이 뛰어나다는 장점 때문에 가장 널리 사용되고 있다. 그러나 마찰형 앵커에 하중을 재하하게 되면 정착장을 형성하는 그라우트체에 발생하는 인장력에 의해 인장균열이 발생하고 인장균열을 통한 지하수 등에 인장재가 노출될 가능성을 내포하게 된다.

이러한 이유로 인장재에 부식이 유발되고 부식이 발생한 인장재는 하중을 감소시켜 앵커의 성능을 저하시키며 앵커의 내구성 확보에 문제가 발생할 가능성을 내포하게 된다. 따라서 마찰형 앵커를 영구앵커로 적용할 때에는 부식에 대응할 수 있도록 하는 대책이 필요하며 일반적으로 마찰형 앵커를 영구앵커로 사용할 때는 이중부식방지 처리를 하도록 규정하고 있다.

지반앵커의 이중부식방지의 개념에 대해서는 6장에서 자세히 서술한다.

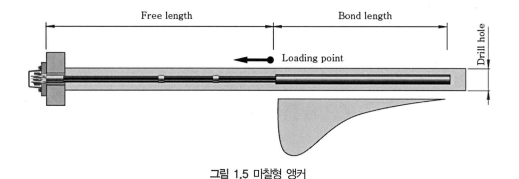

그림 1.5 마찰형 앵커

2) 압축형 앵커(Compression type anchor)

압축형 앵커는 앵커선단에 인장재를 고정하기 위한 선단 정착체를 설치하고, 앵커를 형성하는 인장재 전체를 P.E 호스, 또는 쉬스관 등을 사용하여 그라우트와 부착되지 않도록 한다. 즉, 앵커전 장이 자유장을 형성하도록 하여 앵커 정착구에서 가해진 하중이 앵커 정착장 하부 끝단에 작용되도 록 구성된 앵커이다.

압축형 앵커의 하중작용점은 그림 1.6과 같이 정착장 하부 끝단에 위치하므로 앵커의 정착장을 형성하는 지반 및 그라우트체에 압축력이 발생한다.

압축형 앵커의 장점으로는 앵커의 정착장 끝부분에서 하중이 작용되어 지반의 전단응력이 정착장 끝부분에서 발생하고 그라우트에 압축력이 발생함으로써 인장균열을 방지하여 지하수나 지반의 상 태에 따라 인장재에 발생하는 부식을 방지할 수 있다는 것이다.

그러나 압축형 앵커는 그라우트의 압축강도에 의해 하중보유능력이 제한받기 때문에 마찰형 앵커 에 비해 높은 하중을 재하할 수 없다는 단점이 있다. 따라서 압축형 앵커체 제작과정에서 지하수에 영향을 받지 않는 자유장과 앵커를 확실히 고정시킬 수 있는 앵커 끝단의 정착장치가 필요하다.

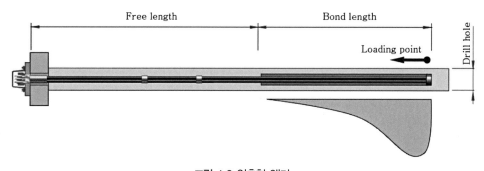

그림 1.6 압축형 앵커

3) 지압형 앵커(Expansion type anchor)

지압형 앵커는 정착력 확보를 위해 그라우트와 지반의 마찰저항력을 이용하는 것이 아니라 정착지반의 지압강도를 이용하는 방식이다. 지반의 지압강도를 이용하여 정착력을 확보하므로 그라우트의 양생과정이 필요 없이 즉시 앵커력을 발휘할 수 있다는 장점이 있다. 이러한 장점으로 인해 공기단축 등의 효과는 있으나 정착지반이 비교적 신선한 암반에 위치해야 하며 지반의 불균질성에 대한 대응력이 떨어진다는 단점이 있다. 또한 지반이 설계조건에 비해 연약할 경우 취성파괴의 우려가 있으며 또한 정착체가 천공 홀 내부의 지반에 직접 접촉하게 되어 지하수에 의한 부식에 노출되게 된다. 따라서 영구앵커의 개념으로 사용할 경우 세심한 검토가 필요하다.

외국의 경우 반영구앵커(semi permanent) 개념, 또는 지하수의 영향이 거의 없는 경우에 영구앵커로 적용되고 있으며 암반사면보강 등에 비교적 유리하다. 그림 1.7은 지압형 앵커의 정착원리를 보여주는 것이다.

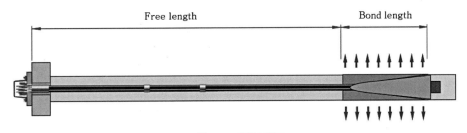

그림 1.7 지압형 앵커

4) 확공형 앵커(Enlarged cylinder type anchor)

확공형 앵커의 정착원리는 기본적으로 지압형 앵커의 정착원리와 동일하며 그림 1.8과 같이 앵커 정착장 부분을 확공하여 앵커의 정착력을 극대화시킨 형태의 앵커이다. 확공형 앵커의 개발배경은 가급적 정착장의 길이를 줄여 경제성을 확보하자는 취지였으나 실제 정착장 부분의 확공이 쉽지 않으며 이에 따른 비용문제 등 적용이 쉽지 않은 실정이다. 또한 확공에 따른 정착력 증대효과에 대한 공학적 검증이 명확하게 제시된 바 없다.

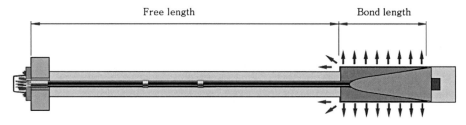

그림 1.8 확공형 앵커

5) 복합형 앵커(Multi unit load transfer anchor)

일반적인 마찰형 앵커 또는 압축형 앵커는 앵커에 하중이 재하되어 앵커의 정착장에서 정착력을 발휘할 때 정착장 주변에 전단응력이 발생한다. 이때 전단응력은 정착장 전체에 균등하게 발생하는 것이 아니고 정착장 선단 또는 끝부분에 최대전단응력이 집중적으로 발생하고 이때 발생하는 전단 응력이 지반의 강도, 또는 그라우트의 강도를 초과하게 되면 앵커의 진행성 파괴를 유발한다.

복합형 앵커는 그림 1.9와 같이 정착장 전체에 하중작용점을 분산 배치되도록 하여 앵커의 정착장 에 발생하는 전단응력을 최소화하고 앵커 정착장 전체를 효율적으로 사용할 수 있다는 장점이 있다. 또한 설계앵커력에 대응하여 그라우트가 부담하는 압축강도를 최대한 활용할 수 있도록 하여 앵커 의 정착효율을 극대화하는 개념의 앵커로 최근에 많이 사용되고 있다. 최근 연구에 의하면 비교적 연약한 토사지반에서 정착효과가 기존의 마찰형 또는 압축형에 비해 약 2배 이상 뛰어난 것으로 보고되었으며 정착지반이 불리할수록(연약할수록) 정착력 확보 및 지반의 크리프 등 장기손실에 유리하다는 장점이 있다.

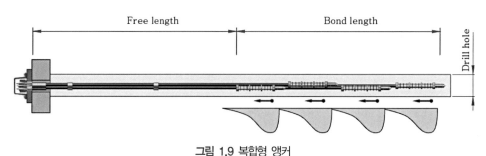

그림 1.9 복합형 앵커

1.4.2 사용기간에 의한 분류

가설앵커와 영구앵커의 구분은 지반앵커의 내구성과 관련된 것으로 앵커의 사용기간에 따라 구분된다. 지반앵커에서 가설앵커와 영구앵커의 개념이 도입된 것은 1970년대 이후이며 이전에 설치된 지반앵커의 실패사례, 실패원인 등을 분석하여 설계 및 시공기준이 만들어졌다.

일반적으로 가설앵커와 영구앵커의 구분은 나라마다 조금씩 차이는 있으나 보통 사용기간 18~ 24개월을 기준으로 하고 있다. 2년 이상의 내구성이 필요한 경우 영구앵커, 2년 미만인 경우 가설앵커로 구분하고 있고 영구앵커의 경우는 앵커의 내구성을 확보를 위한 별도의 방·부식 처리가 필요하며, 보통 이중부식방지 처리를 하여 앵커의 내구성을 확보할 수 있도록 규정되어 있고 설계 및 시공에서의 안전율 및 시공기준이 다르게 적용된다.

최근에는 2년 이상의 내구성을 확보하여야 하나 설치되는 구조물 완공 후 앵커의 기능이 불필요한 반영구앵커의 개념이 도입되고 있는 추세이다.

CHAPTER **02** 지반앵커의 정착

실무자를 위한 **지반앵커공법**

CHAPTER 02 지반앵커의 정착

2.1 일반사항

지반앵커의 정착원리는 기본적으로 인장재와 그라우트의 부착저항, 그라우트와 지반의 마찰저항에 의해 정착력을 확보한다. 따라서 지반앵커의 정확한 정착거동을 이해하기 위해서는 각기 다른 세 가지 이질재료, 즉 인장재의 재료특성과 그라우트의 강도특성 및 주입조건, 다양한 지반조건에 대한 이해가 필요하다.

앵커의 정착력은 동일한 지반조건에서도 앵커의 정착방식과 인장재의 종류, 시공조건에 따라 다르게 나타날 수 있으며 이러한 차이를 이해하기 위해서는 다양한 현장조건과 시공조건에 대한 이해가 필수적이다.

일반적으로 지반앵커의 성능과 규격은 ① 앵커가 정착되는 지반의 전단저항과 마찰저항특성, ② 앵커의 정착유형과 시공방법, ③ 관련 기술자의 숙련도 및 책임의식 등 세 가지 요인에 의해 영향받는다. 따라서 설계자는 지반앵커의 설치목적과 기능을 명확하게 인지하고 앵커의 기능과 앵커가 적용되는 구조물의 특성에 대하여 정확하게 이해하여야 하며 이를 바탕으로 정확한 현장조사, 지반특성에 따른 앵커의 규격 및 유형 결정, 시공성과 경제성 검토가 이루어져야 한다.

예를 들면, 지반앵커의 적용 대상지반이 연약한 경우 앵커의 설계하중에 제한을 받게 되는 경우가 있다. 이런 경우, 앵커의 설계하중을 작게 하고 설치 수량을 늘릴 것인지 아니면 양질의 정착지반까지 앵커의 길이를 연장하여 앵커의 설계하중을 크게 할 것인지 고민하게 된다. 이때 지반조건과 시공성, 경제성이 함께 검토되어야 하며, 앵커의 설계하중과 지반조건에 따른 시공방법의 선정,

지반조건에 따른 그라우팅 재료와 주입방법 등은 지반앵커를 설계하는 기술자 입장에서는 중요하게 고려하여야 할 사항이다.

2.2 지반앵커의 정착거동

지반앵커의 정착에서 중요한 것은 지반과 그라우트의 마찰저항이며 앵커의 정착유형 및 그라우트의 강도특성에 따라 상호거동이 달라진다. 그림 2.1은 지반과 그라우트의 정착거동을 보여주는 것으로 극한인발저항력(Q_{ult})은 식 (2.1)과 같이 표현된다.

$$Q_{ult} = \pi D L_b \tau_{ult} \tag{2.1}$$

여기서, L_b : 정착장 길이, τ_{ult} : 극한마찰저항력, D : 정착장 직경

여기서 극한인발저항력(Q_{ult})은 앵커 정착장의 극한마찰저항력(τ_{ult}) 성분과 관계되며, 이때 상부지반의 자중(W)에 의한 성분은 앵커 인발에 따른 지반변위를 구속하는 역할을 하게 되므로 지반의 강도와 관계된다. 또한 식 (2.1)에서 극한마찰저항력(τ_{ult})은 식 (2.2)와 같이 표시할 수 있고, 식 (2.2)에서 마찰저항력은 기본적으로 지반과 그라우트의 마찰력(c_a)과 앵커의 정착장에 작용하는 응력(σ_n), 지반과 그라우트의 마찰각(δ)에 의해 결정된다.

$$\tau_{ult} = c_a + \sigma_n \tan \delta \tag{2.2}$$

여기서, c_a : 지반과 그라우트 사이의 마찰력

  σ_n : 앵커에 작용하는 응력

  δ : 지반과 그라우트 사이의 마찰각

한편, 지반앵커는 정착유형에 따라 지반 내 정착장에 발생하는 전단응력 분포가 달라지며 또한 최대전단응력도 다르게 나타난다.

그림 2.1과 같이 앵커 정착유형에 따라 정착장에 작용하는 하중작용점과 앵커 정착장에서의 전단응력 분포가 다르게 나타나며 ①은 마찰형 앵커, ②는 압축형 앵커, ③은 다중정착방식 앵커의 정착

장(그라우트체)에 나타나는 하중작용점과 정착지반의 전단응력 분포를 보여주는 것이다. 여기서 마찰형 앵커의 정착장(그라우트체)에서는 인장응력이 발생하는 반면, 압축형 앵커의 정착장에서는 압축응력이 발생한다. 한편, ③은 복합형 앵커의 하중작용점을 나타낸 것으로 그라우트체 내부에 다수의 정착체가 분산, 배치됨에 따라 압축형 앵커, 인장형 앵커에 비해 상대적으로 작은 응력이 발생한다. 이처럼 앵커의 정착유형에 따라 정착장 주변지반 및 그라우트에 작용하는 응력분포 형태와 최대전단응력의 크기가 다르게 나타나며 동일한 지반조건에서 앵커의 최대인발저항력은 정착유형에 따라 서로 다르게 나타남을 예측할 수 있다.

즉, 동일한 지반조건에서 앵커의 정착유형이 다를 경우 앵커의 정착장 주변 지반에 작용하는 전단응력 또한 다르게 나타나므로 식 (2.1)의 최대인발저항력(Q_{ult})은 앵커의 정착유형에 따라 다르게 나타날 것이다.

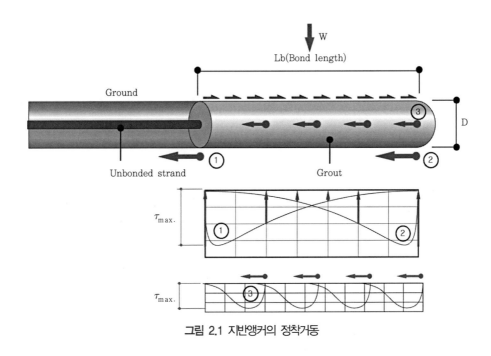

그림 2.1 지반앵커의 정착거동

2.3 지반앵커의 정착장

지반앵커는 재하된 하중을 정착장을 통해서 지반으로 전달시키기 때문에 앵커 설계단계에서 정착장의 길이를 결정하는 것은 중요한 일이다. 정착장의 길이가 너무 짧은 경우에는 정착장이 위치한 암반의 암질이나 절리 등 지반의 불균질성에 의한 영향으로 피해가 생길 수 있기 때문에 보통 3.0∼4.5m 이상의 정착장이 확보되어야 한다. 또한 정착장의 길이가 10m 이상으로 설치될 경우에는 앵커의 정착능력의 증가에 실질적인 효과가 없다는 실험적 결과에 의해 10m 이상의 정착장 길이는 피하도록 제안되어 있다.

또한 인장재가 그라우트와 완전히 부착되어 그라우트의 파괴가 발생하지 않고 하중을 안정적으로 재하하기 위해서 인장재에 부착되는 그라우트의 두께는 20mm 이상 확보하거나, 인장재의 총단면적이 앵커가 설치될 천공 단면적에 대하여 15% 이상을 초과하지 않도록 하여야 한다(Littlejohn et al., 1980).

표 2.1은 최소정착장에 대한 외국의 기준을 비교한 것이다.

표 2.1 지반앵커의 최소정착장 기준(Littlejohn, 1980)

Fixed Anchor Length(m)		Source
Minimum	Range	
3.0		Sweden−Nordin(1968)
3.0		Italy−Berardi(1967)
	4.0∼6.5	Canada−Hanna and Seeton(1967)
3.0	3.0∼10.0	Britain−Littlejhon(1972)
	3.0∼10.0	France−Fenoux and Portier(1972)
	3.0∼8.0	Italy−Conti(1972)
4.0 (very hard rock)		South Africa−Code of Practice(1972)
6.0 (soft rock)		South Africa−Code of Practice(1972)
5.0		France−Bureau Securitas(1972)
5.0		USA−White(1973)
3.0	3.0∼6.0	Germany−Stocker(1973)
3.0		Italy−Mascardi(1973)
3.0		Britain Universal Anchorage Co. Ltd(1972)
3.0		Britain−Ground Anchorage Ltd.(1974)
3.5		Britain−Associated Tunnelling Co. Ltd.(1973)

2.4 지반앵커의 지지력

지반앵커의 지지력은 보통 두 가지 측면, 즉 앵커의 인발파괴에 대한 지지력(내적 지지력)과 앵커를 설치한 지반의 활동파괴에 대한 지지력(외적 지지력)에 대해서 검토되어야 한다.

2.4.1 내적 지지력

지반앵커는 다음의 여러 가지 원인에 의해서 소요 지지력을 발휘하지 못하는 경우가 있으므로 내적 지지력 대한 검토가 필요하다.

앵커의 인발저항

지반앵커의 인발저항력은 앵커의 정착장을 형성하는 그라우트체와 주변지반의 마찰저항에 의하여 확보되며, 앵커의 인발거동은 복잡하므로 보통 다음과 같이 가정한다.

- 앵커의 인발파괴는 앵커의 작용력이 지반의 유효 인발저항력보다 클 때 일어난다.
- 지반의 인발저항은 정착장에 작용하는 토피하중에 의해 확보된다.
- 앵커의 정착장은 주변지반을 밀어낼 경우에만 파괴가 일어난다. 이때 주변지반의 파괴가 일어나지만 파괴상태를 정확히 파악하기는 어렵다.

보통 앵커의 정착장은 지표면에서 4.0m 이상 깊은 지점에 있으면 인발저항력이 상재하중의 영향을 받지 않고 지반의 전단강도의 영향만 받는다.

앵커의 인발저항력은 지반의 전단강도가 증가함에 따라 자중의 영향이 작아지므로 상재하중의 영향은 오히려 감소하고 정착장의 길이에 비선형 비례하여 증가하지만 길이가 7.0m 이상이면 점진적 파괴가 발생하여 비경제적일 수 있으며 이러한 이유로 최대 정착장 길이는 보통 10.0m 미만으로 사용하도록 제안하고 있다.

점성토에서는 인발저항력이 직경에 비례하여 커지나 사질토에서는 정착부의 직경에 의한 영향은 뚜렷하지 않다. 그림 2.2와 같이 직경 d, 길이 L_b인 정착장의 인발저항력(Q)은 정착장 상부지반의 자중(W)에 의한 마찰저항력과 점착력의 합이다.

자중(W)의 정착장에 대한 수직성분을 W_l, 접선방향의 성분을 W_h라고 하고 지반과 정착장 표면(그라우트체) 간의 마찰각(δ)이 지반의 내부마찰각(ϕ)과 같다고 보면 인발저항력(Q)은 정착장에 작용하는 상부지반 자중(W)의 앵커 정착장 접선방향 성분(W_h)과 주변마찰력($W_l \tan \phi$)의 합으로 식 (2.3)과 같이 표현된다.

$$Q = W_h + W_l\tan\phi = W_k(\sin\theta + \cos\theta\tan\phi) \tag{2.3}$$

정착장 상부지반의 자중은 인접앵커가 서로 영향이 없을 만큼 충분히 떨어진 경우와 거리가 인접하여 서로 영향이 있는 경우에 따라 다소 차이가 있다.

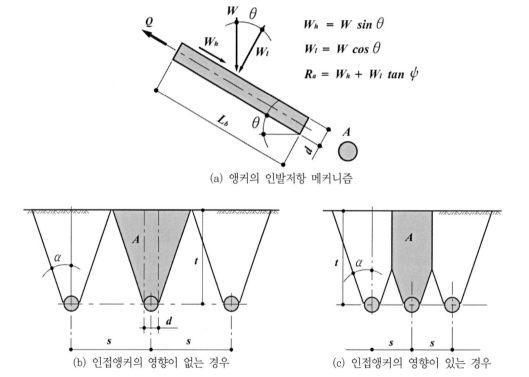

(a) 앵커의 인발저항 메커니즘

(b) 인접앵커의 영향이 없는 경우

(c) 인접앵커의 영향이 있는 경우

그림 2.2 앵커의 인발저항

(1) 인접앵커의 영향을 받지 않는 경우

인접앵커 간 거리가 멀어서 영향이 없으면 정착장 상부각도 α인 범위의 토체가 앵커 인발저항에 영향을 미친다고 보고 영향지반의 자중(W)을 계산하면 식 (2.4)와 같다.

$$W = \gamma(d + t\tan\alpha)t\,L_b\cos\theta \tag{2.4}$$

따라서 앵커의 인발저항력(Q)은 식 (2.3)에 의해서 다음과 같이 계산된다.

$$Q = \gamma(d + t\tan\alpha)t L_b \cos\theta (\sin\theta + \cos\theta\tan\theta) \qquad (2.5)$$

그런데 정착장 직경 d와 앵커경사 θ를 거의 무시할 수 있으므로 $d \approx 0$, $\sin\theta \approx 0$이고 $\alpha = \phi$ 라고 하면 인발저항력(Q)에 관한 식 (2.5)는 다음과 같이 간단해진다.

$$Q = \gamma t^2 \tan^2\phi L_b \qquad (2.6)$$

(2) 인접앵커의 영향을 받는 경우

앵커 간격이 촘촘하여 서로 간섭효과가 일어날 때에는 영향지반의 형상을 제한하여 자중(W)을 결정한다. 따라서 앵커의 인발저항력 Q는 식 (2.5)에서 다음이 되고

$$Q = \gamma t s L_b \cos\theta (\sin\theta + \cos\theta\tan\phi) \qquad (2.7)$$

d와 θ는 매우 작아서 $d \approx 0$, $\sin\theta \approx 0$이고 $\alpha = \phi$이면 다음이 된다.

$$Q = \gamma t \tan\phi s L_b \qquad (2.8)$$

2.4.2 지반과 그라우트의 마찰저항

지반앵커의 정착에서 지반과 그라우트의 마찰저항은 불확실성 요소를 가장 많이 내포하고 있는 부분이며 또한 인위적으로 조건을 조절하기 어렵다는 한계가 있다.

지반과 그라우트의 마찰저항에 관계되는 요소는 정착지반이 비교적 일정하지 않고 매우 다양하며 이러한 지반의 불균질성 및 인위적으로 조성되는 그라우트의 강도특성, 주입방법, 지하수 조건 등 다양한 요인에 영향을 받게 된다.

따라서 지반과 그라우트의 마찰저항을 결정하기 위해서는 지반조건에 따른 지반앵커의 정착거동을 충분히 이해하여야 하며 보수적 접근이 필요하다.

1) 암반에서의 극한인발력

암반에 설치되는 대부분의 앵커는 직선형 앵커로써 인장재를 설치할 때 그라우트를 주입할 주입 호스를 함께 설치하여 시공한다. 암반에 설치된 앵커는 앵커 정착부에 발생하는 전단강도(마찰응력)를 이용하여 극한인발저항력(Q_{ult})을 산정하게 되며 식 (2.9)와 같이 계산된다(Littlejohn, 1975).

$$Q_{ult} = \pi D L_b \tau_{ult} \tag{2.9}$$

여기서 D는 앵커직경이고, L_b는 정착장 길이, τ_{ult}는 암반과 그라우트 사이에 발생하는 최대전단강도이며 이때 발생하는 전단강도는 '앵커 정착장 내에서 그라우트의 국부적인 파괴가 발생하지 않고 정착장의 형태에 관계없이 전단응력(마찰력)이 균일한 분포로 발생한다.'라는 것을 가정하여 산출하는 식이다. 여기서 최대전단응력(τ_{ult})은 지반의 특성을 확인하기 위해 표준관입시험에 의한 N치를 이용하여 다음과 같이 계산할 수 있다.

$$\tau_{ult} = 0.01N(\text{N/mm}^2) \quad \text{(Littlejohn, 1970)} \tag{2.10}$$

$$\tau_{ult} = 0.007N + 0.12(\text{N/mm}^2) \quad \text{(Suzuki et al, 1972)} \tag{2.11}$$

또한 지반과 그라우트의 마찰응력을 이용하여 앵커에서 발생하는 극한인발력을 계산할 수 있으며, 표 2.2, 표 2.3은 암의 종류에 따라 발생하는 앵커의 최대마찰응력을 나타내고 있다.

표 2.2 Rock-Grout bond values I(Littlejohn et al., 1978)

Rock type	Ultimate bond strength(N/mm²)
Granite and basalt	1.72~3.10
Dolomite limestone	1.38~2.07
Soft limestone	1.03~1.38
Slates and hard shale	0.83~1.38
Soft shales	0.21~0.83
Sandstone	0.83~1.03
Weathered marl	0.17~0.25

표 2.3 Rock-Grout bond values II(Koch, 1972)

Rock type	Bond strength(kg/cm²)		F.S	Source
	Working	Ultimate		
Weak rock	3.5~7.0		2.0	Australia-Koch(1972)
Midium rock	7.0~10.5		2.0	
Strong rock	10.5~14.0		2.0	
Soft sandstone and shale	1.0~1.4	0.37	2.7~3.7	Brittain-Wycliffe Jones(1974)

2) 사질토 지반에서의 극한인발력

사질토 지반에 설치된 앵커의 극한인발력은 지반상태를 조사한 후 이론적인 방법에 의해 다음과 같이 산출할 수 있다(Oosterbaan, et al., 1972).

$$Q_{ult} = \pi d L_b f_{max} \tag{2.12}$$

$$f_{max} = K\sigma'_{ov} \tag{2.13}$$

여기서 $K(=K_1 \tan\phi)$는 정지토압 개념의 마찰계수이며, σ'_{ov}는 앵커 정착장 중심부까지의 유효 상재하중이다. 여기서 토압계수 K_1은 표 2.4에 나타나 있다.

표 2.4 그라우트 주입압에 의한 토압계수

K_1	Soil type	Injection pressure
0.5~1.0	Fine sand and silt for low and high relative density	Low grout pressure
1.4	Dense Sand	Low pressure
1.4~2.3	Medium to dense sandy gravel with cobbles	No grout injection pressure

경험적인 수치를 이용한 방법으로 저압 그라우트(1,035kPa 이하)된 앵커는 홀 천공 시 천공 방법과 상재하중에 따라 천공 홀의 측벽이 교란되는 등의 여러 요인들을 고려하여 산정한 경험적인 계수로 극한인발저항력을 산출할 수 있으며 식 (2.14)와 같다(Littlejohn, 1970).

$$Q_{ult} = L_b n \tan\phi \tag{2.14}$$

여기서 L_b는 앵커 정착장 길이이고, n은 지반에 대한 그라우트, 상재하중, 천공방법 등에 의해 산정된 경험적 계수(130~165kN/m)이며 ϕ는 마찰각이다. 또한 앵커에 주입되는 그라우트의 주입압력에 의해 산정되는 앵커의 극한인발저항력은 다음과 같다(Littlejohn, 1970; Nichoson, 1979).

$$Q_{ult} = p_i \pi D L_b \tan\phi \tag{2.15}$$

여기서 p_i는 앵커에 주입되는 그라우트의 유효압력이다. 또한 그림 2.3과 같이 지반에 표준관입시험과 동적관입시험을 수행하여 얻은 지반의 특성에 따라 극한인발력을 산정할 수 있으며(Ostermayer et al., 1977), SPT에 의한 N치와 전이되는 정착하중에 대한 실험적인 결과는 표 2.5와 같다.

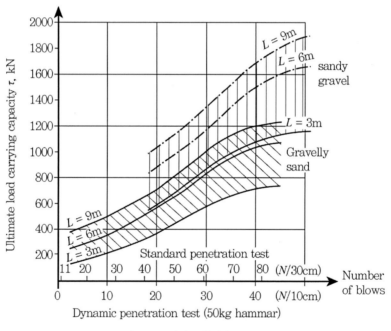

그림 2.3 N치와 극한인발력의 관계

표 2.5 N치와 정착장에 전이되는 정착하중의 관계

Soil type	SPT range	Estimated ultimate transfer load(kN/m)
Sand and Gravel	Loose(4~10)	145
	Medium dense(11~30)	220
	Dense(31~50)	290
Sand	Loose(4~10)	100
	Medium dense(11~30)	145
	Dense(31~50)	190
Sand and Silt	Loose(4~10)	70
	Medium dense(11~30)	100
	Dense(31~50)	130

3) 점성토 지반에서의 극한인발력

일반적으로 점성토 지반에 설치되는 앵커는 암반이나 사질토 지반에 설치되는 앵커에 비하여 극한인발력이 비교적 낮게 계산된다. 또한 앵커를 장기간 사용하게 되면 크리프 변형이 과다하게 발생할 수 있으며 재하된 하중이 지반으로 전이되어 앵커 주변에 있는 흙이 연약해지는 문제가 발생하여 구조물의 안정에 영향을 줄 수도 있다. 따라서 안정성이 문제가 되는 지반에 앵커를 설치할 때는 정착장이 위치하게 될 천공 홀 하단의 측벽을 보강하는 방법과 고압의 그라우트 주입압을 이용하는 등의 보강 방법이 있다. 점성토 지반에서 설치되는 앵커는 비배수 전단강도로 표현되는 마찰력에 의해 지지되며 일반적인 앵커의 극한인발력은 다음과 같이 나타낼 수 있다.

$$Q_{ult} = \pi D L_b f_{\max} \tag{2.16}$$

$$f_{\max} = \alpha S_u \tag{2.17}$$

여기서 α는 지반에 따른 점착계수, S_u는 비배수 전단강도이다. 표 2.6은 대표적인 점성토 지반에 설치된 앵커에 대한 시험을 수행하여 비배수 전단강도와 그에 따른 점착계수를 나타낸 것이다. 그러나 시공자가 선행된 시험에 의한 경험이 없고 설치될 점성토 지반에 대한 점착계수에 대하여 파악하지 못했을 경우는 비배수 전단강도의 크기에 의한 영향에 관계없이 0.3의 점착계수를 사용하도록 하였다 (Hanna, 1977). 비교적 단단한 점성토 지반에 대한 앵커의 극한인발력은 비배수 전단강도의 50% 이하($\alpha < 0.5$)에서 산정하는 것이 타당하다고 하였다(Tomlinson, 1975; Peck, 1958; Woodward et al., 1961). 또한 표 2.7은 점토지반에 대한 표준관입시험과 하중전이의 관계를 보여준다.

표 2.6 비배수 전단강도에 따른 점착계수

Soil type	Shear strength	α	Reference
Stiff London Clay	90kPa	0.3~0.35	Littlejohn, 1968
Stiff Overconsolidated Clay at Taranta Italy	270kPa	0.28~0.36	Sapio, 1975
Stiff to Very Stiff Marl at Leicester, England	287kPa	0.48~0.6	Littlejohn, 1970
Stiff Clayey Silt at Johnnesburg South Africa	95kPa	0.45	Neely et al., 1974
Heavily Overconsolidated Clay in Sweden	50kPa	0.5	Broms, 1968

표 2.7 N치와 정착장에 전이되는 하중의 관계(Clay)

Soil type	SPT range	Estimated ultimate transfer load(kN/m)
Silt-clay mixture with low	Stiff(10~20)	30
plasticity or silt mixtures	Hard(21~40)	60

2.4.3 인장재와 그라우트의 부착저항

지반앵커는 일차적으로 인장재와 그라우트의 부착저항에 의해 앵커력을 발휘하게 된다. 지반앵커에서 정착장을 형성하기 위해서 그라우트를 주입할 때, 천공 홀과 인장재 사이에 공간이 부족하여 그라우트가 충분히 주입되지 않아 인장재와 그라우트가 부착되지 않았거나 그라우트의 압축강도가 너무 작아 앵커에 하중을 재하할 때 그라우트가 파괴되어 부착응력이 감소되어 필요한 긴장력을 가할 수 없는 경우가 생긴다.

따라서 앵커의 정착장 설치 시 반드시 그라우트의 압축강도 및 인장재에 스페이서 등의 보조재료를 이용하여 앵커에 안전하게 하중을 가할 수 있도록 충분한 부착저항이 확보될 수 있도록 해야 한다.

식 (2.17)은 인장재와 그라우트의 부착저항을 계산하는 식을 나타내고 있다.

$$Q_{ult} = n \pi d_e L_b f_{ub}$$ (2.18)

여기서, n : 인장재의 개수

d_e : 인장재의 유효직경

L_b : 인장재의 정착길이

f_{ub} : 인장재와 그라우트의 최대부착응력

현재 국내에는 그라우트와 인장재의 부착응력에 대한 연구가 거의 없으며, 또한 적절한 지침이 제시되지 않아 기존 외국문헌 등에 의한 자료를 이용하고 있는 실정이다. 외국문헌(British Code)에 의한 부착응력은 표 2.8과 같다(Xanthakos, 1991).

표 2.8 인장재와 그라우트의 최대부착응력

Type of Bar	Characteric Strength of Grout(f_{ub} N/mm^2)			
	20	25	30	40 +
	Maximum bond stress(N/mm^2)			
Plain	1.2	1.4	1.5	1.9
Deformed	1.7	1.9	2.2	2.6

참고로 AASHTO(1990)에서는 그라우트 강도에 따른 최대허용부착응력은 식 (2.19)를 넘지 않도록 정하고 있다.

$$u_{\max.} = \frac{4.8\sqrt{\sigma_{ckg}}}{d} \tag{2.19}$$

여기서, d : 인장재 직경

σ_{ckg} : 그라우트 압축강도

또한 지반강도가 고려된 부착강도는 전단강도시험이나 인발시험을 수행하지 못했을 경우에, 앵커가 설치될 지반에서 채취된 암반의 일축압축강도시험을 수행하여 일축압축강도의 10%를 부착응력으로 사용하거나 암반이 풍화되어진 경우에는 일축압축강도의 25~30%에 대하여 부착응력으로 사용하게 된다(Littlejohn, 1980).

2.4.4 인장재의 인장강도

앵커의 극한인발력에 영향을 주는 요소로서 인장재의 인장강도가 있다. 앵커에 하중을 재하할 때 하중은 인장재를 통해 앵커의 정착장으로 전달되기 때문에 그라우트와 지반 사이의 주변마찰력이 상대적으로 앵커에 사용된 인장재의 인장강도보다 클 경우에는 그라우트체보다 인장재가 먼저 파괴된다. 따라서 앵커 설계에서 설치되는 인장재의 제원에 따른 인장강도를 검토하여야 하며 인장재의 인장강도에 의한 극한인발저항력의 산정은 식 (2.20)과 같다. 표 2.9는 국내 현장에서 많이 사용하고 있는 인장재의 직경에 따른 강도특성을 나타내고 있다.

$$F_u = A_s f_{us} \tag{2.20}$$

여기서, A_s : 인장재의 단면적
$\quad\quad\quad f_{us}$: 인장재의 극한인장강도

표 2.9 P.C 스트랜드 강도특성

구분	P.C Strand의 직경			
	9.5mm	11.1mm	12.7mm	15.2mm
단위중량(kN/m³)	4.24	5.69	7.59	10.8
f_{us}(kN)	102.0	138.3	183.4	260.0
f_y(kN)	86.8	118.0	156.0	221.7

2.4.5 그라우트의 압축강도

지반앵커에서 그라우트는 앵커의 인발저항을 결정하는 가장 중요한 변수다. 물론 지반의 종류 및 지반의 강도특성이 미치는 영향도 크지만, 특히 그라우트의 강도특성은 아무리 강조해도 지나침이 없다고 생각된다.

지반앵커에서 그라우트는 인장재와 지반을 연결하는 매개체로 지반과 그라우트의 마찰저항, 그라우트와 인장재의 부착저항 모두 그라우트 강도특성에 지배된다. 인장재의 기계적 특성과 정착지반의 위치선정 등 인위적으로 선택하여 앵커의 허용인발저항력을 확보할 수 있지만 이러한 이질재료의 매개체가 되는 것이 그라우트이므로 그라우트가 필요한 강도를 발휘하지 못한다면 모두 의미가 없어지는 것이다. 또한 현장에서 앵커의 정착력과 관련하여 품질관리가 가능한 것도 그라우트가 유일하다.

지반앵커 정착 유형별로 그라우트의 영향을 보면 마찰형 앵커는 정착장 상부에 하중작용점이 형성되어 하중이 앵커의 상향으로 가해지며 정착장에서는 부착되어진 인장재의 인장에 의해 그라우트에 인장력이 발생하게 되고 자유장에서는 정착장에서의 인장력에 의해 그라우트가 압축됨으로 인해 압축력이 발생하게 된다. 또한 압축형 앵커는 앵커헤드에서 가해진 하중이 자유장을 따라 앵커 끝단으로 이동하고 이 하중이 앵커 끝단에서 부터 가해지게 되므로 앵커전장에 압축력이 작용하게 된다. 이때 정착장을 구성하는 그라우트체의 압축강도가 가해지는 하중에 비하여 작다면 그라우트

는 압축파괴를 유발하여 앵커의 부착강도를 저하시키거나 인장재가 이탈되는 등의 문제가 발생하게
된다. 따라서 압축형 앵커의 설계 및 시공에서 그라우트의 압축강도 영향을 반드시 검토해야 한다.

또한 시공과정에서 앵커에 주입되는 그라우트에 대한 공시체를 현장에서 제작하여 압축강도를
확인할 수 있도록 하여야 하며 그라우트의 압축강도에 대한 검토는 식 (2.21)을 이용할 수 있다.

$$Q_{g\,ult} = \sigma_{ck\,g} A_g \tag{2.21}$$

여기서, $\sigma_{ck\,g}$: 재령 28일의 그라우트 압축강도

$\quad\quad A_g$: 앵커의 전체 단면적에서 인장재의 단면적을 제외한 순수한 그라우트의 단면적

압축형 앵커는 마찰형 앵커에 비하여 그라우트의 압축에 의한 파괴 가능성이 크고 빈번하기 때문
에 압축형 앵커는 반드시 그라우트 압축강도에 의한 앵커의 극한인발저항력을 검토하여 앵커의 설
계하중이 결정되어야 한다. 또한 그라우트의 압축강도 부족에 의한 파괴는 대부분 취성파괴를 유발
하므로 앵커 설계하중 대비 그라우트의 설계기준 강도를 제시하여야 한다. 지반앵커의 정착력 확보
에 있어서 가장 중요한 그라우트의 강도특성은 배합비, 즉 물/시멘트 비에 의한 영향이 가장 크며
그림 2.4는 물/시멘트 비에 의한 그라우트의 압축강도 관계를 보여주는 것으로 현장의 배합비를
이용하여 간접적으로 압축강도를 산출해낼 수 있다.

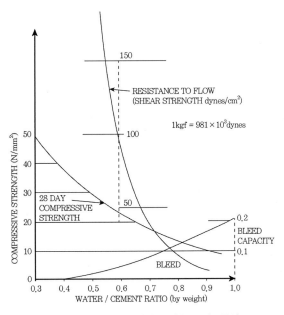

그림 2.4 물/시멘트 비와 그라우트 강도특성

보통 그라우트의 압축강도(σ_{ckg})는 7일 강도와 28일 강도를 측정하며. 그라우트의 강도에 영향을 미치는 다양한 요소들은, 중요한 순서대로 w/c 비율, 그라우트의 공기함유량, 시멘트 종류, 그리고 혼합물의 유무이다. 다른 요소들은 무시하고 단지 물만 매개변수로 고려하면 그라우트의 압축강도는 Abram이 제시한 식 (2.22)의 값과 비슷하게 계산된다.

$$\sigma_{ckg} = \frac{A}{B^{1.5w}} \tag{2.22}$$

여기서, σ_{ckg} : 그라우트의 압축강도

    A : 일정 강도=14,000lb/in^2

    B : 시멘트 재령에 따른 무차원 상수

    w : 물/시멘트 비

재령 28일 시멘트의 B=5이고, 최대강도는 수화작용이 완전히 끝난 후 발현된다. 이런 이유로 식 (2.22)는 $w > 0.3$이 타당하고, 블리딩이 최소일 때의 조건에서 그라우트의 $w < 0.7$이다.

보통 현장에서 그라우트의 강도특성은 배합비를 통해 추정하게 되고 배합비의 확인은 사진 2.1과 같은 그라우트 시험을 통해 이루어지며 비교적 신뢰할 만한 결과가 얻어진다.

또한 그라우트 강도는 현장에서 앵커의 인장시점을 결정하는 중요한 자료로 그라우트의 설계강도를 확인한 후 인장작업이 이루어질 수 있도록 하여야 한다.

(a) 점성도 시험

(b) 블리딩 시험

(c) 압축강도 시험

사진 2.1 그라우트 시험

2.5 지반과 앵커(그라우트)의 상대강성

앵커의 극한인발저항력을 추정하기 위해서는 다양한 영향인자가 고려되어야 한다. 특히 지반강성과 앵커체의 강성, 즉 그라우트의 강성은 큰 영향을 미친다. Coates와 Yu(1970)는 유한요소법을 사용하여 삼축응력조건에서 앵커 정착장 주변의 응력분포를 조사하였다. 그림 2.5(a), (b)는 해석에 적용된 압축 또는 인장형 앵커에 대한 일반적인 유한요소망을 보여준다.

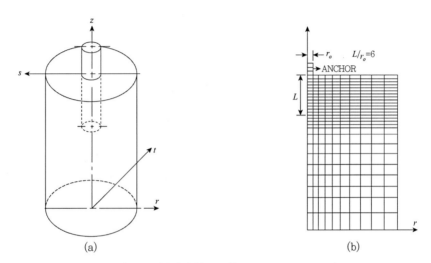

그림 2.5 앵커의 유한요소망(Coates and Yu, 1970)

해석결과 앵커체의 탄성계수(E_a)와 암반의 탄성계수(E_r)에 대한 전단응력 분포의 상관성을 알 수 있으며 관계는 그림 2.6과 같다.

그림 2.6에서 E_a/E_r 값은 0.1, 1.0, 10이며 더 작은 값(강한 암반과 약한 그라우트)은 중심 끝에서 더 강한 집중응력이 발생하는 반면, 반대의 경우엔 전체적으로 고르게 응력이 분포되었다. E_a/E_r의 값이 10을 초과하거나 이에 근접한 값을 가지는 경우에는 사실상 균등한 응력분포를 보인다. 또한 그림 2.7은 마찰형(인장형) 앵커에서 앵커와 지반의 상대강성에 따른 앵커직경과 지반의 영향반경, 지반의 응력관계를 보여준다.

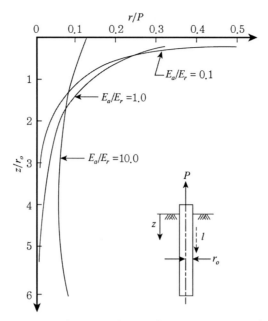

그림 2.6 E_a/E_r과 전단응력 분포(Coates and Yu, 1970)

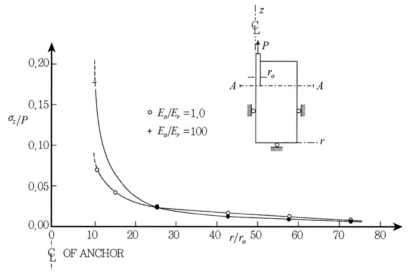

그림 2.7 인장형 앵커의 E_a/E_r과 r_a/r_o 관계(Coates and Yu, 1970)

CHAPTER 03 지반앵커의 설계

실무자를 위한 **지반앵커공법**

CHAPTER

03

지반앵커의 설계

3.1 안전율

　지반앵커의 설계에서 안전율 개념은 단순하지 않다. 지반앵커를 구성하는 재료와 지반, 그리고 인위적으로 조성되는 그라우트의 세 가지 다른 특성을 갖는 구성요소에 대하여 각각의 안전율이 다르게 적용되어야 하는 것이다.

　그림 3.1에서 ①과 같이 비교적 품질관리가 확실한 지반앵커의 인장재, 지압판 등 구성 재료에 대한 안전율과 ②와 같이 인위적으로 특성을 조성할 수 없는 지반, ③, ④와 같이 인위적 조성이 가능하지만 지반을 대상으로 거동하는 그라우트의 특성을 고려할 때 각각에 적용되는 안전율은 다른 개념으로 이해되어야 한다.

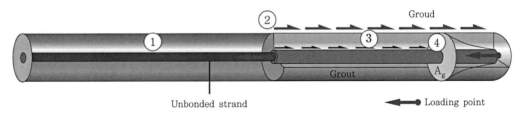

그림 3.1 지반앵커에서 안전율 개념

　또한 지반앵커를 설계할 때 앵커의 중요도 및 사용기간에 따른 안전율의 차이도 고려되어야 한다. 즉, 가설앵커로 사용하는 경우와 영구앵커로 사용되는 경우에도 역시 다른 개념으로 이해되어야 하는 것이다.

참고로 국내외의 안전율과 관련된 기준은 표 3.1~3.3에 나타냈으며 내용 중에서 추천(안)은 필자의 판단에 의한 제안 값이며 외국의 기준을 고려할 때 비교적 타당할 것으로 판단된다.

표 3.1 인장재의 극한강도에 대한 최소안전율(f_{us} 기준)

구분	해외기준	K.S(현)		추천(안)		비고
가설앵커	1.3~1.8	1.54	$0.65f_{us}$	1.54	$0.65f_{us}$	
반영구앵커	1.3~1.8	–	–	1.54	$0.65f_{us}$	
영구앵커	1.6~2.0	1.67	$0.6f_{us}$	1.67	$0.6f_{us}$	

* 반영구앵커 : 사용기간 24개월 이상 추후 기능 상실

표 3.2 그라우트와 인장재 극한부착저항에 대한 최소안전율

구분	해외기준	K.S(현)	추천(안)	비고
가설앵커		1.5	2.0	
반영구앵커	2.0~3.0	–	2.0	
영구앵커		2.5	2.0	

* 반영구앵커 : 사용기간 24개월 이상, 추후 기능상실 (* PTI : 2.0, B.S : 3.0)

표 3.3 지반과 그라우트의 극한마찰저항에 대한 최소안전율

구분	해외기준	K.S(현)	추천(안)	비고
가설앵커		1.5	2.0	
반영구앵커	2.0~3.0	–	2.0	
영구앵커		2.5	2.5	

3.2 인장재 설계

지반앵커에 사용되는 인장재는 와이어, 강봉, 스트랜드 등이 있으며 인장재의 발달과 더불어 공법이 다양하게 발전해왔다. 60년대 초기단계에서는 주로 와이어, 강봉 등이 사용되었으나 최근에는 스트랜드가 가장 널리 사용되고 있다. 인장재의 설계에서 주의하여야 할 사항은 가설앵커와 영구앵

커의 설계하중에 대한 적용 안전율이 다르다는 것이다.

참고로 인장재 설계에 대한 각국의 안전율 기준은 표 3.4와 같으며 극한하중과 항복하중에 대하여 안전율을 규정하고 있으나 일반적으로 극한하중에 대한 값이 안전 측으로 계산된다. 인장재 계산에 있어서 국내기준에 의하면

$$\text{영구앵커} : A_s \geq \frac{F_d}{0.6 \times f_{us}} \quad \text{즉,} \ \ F_d \leq 0.6 A_s f_{us}$$

$$\text{가설앵커} : A_s \geq \frac{F_d}{0.65 \times f_{us}} \quad \text{즉,} \ \ F_d \leq 0.65 A_s f_{us} \text{을 만족하도록 설계되어야 한다.}$$

표 3.4 인장재 설계에 대해 제시된 각국의 안전율

구분	기준	제정일	가설앵커		영구앵커	
			항복하중	극한하중	항복하중	극한하중
Germany	DIN 4125	1972/76	1.33/1.75	1.75	1.33/1.75	1.75
France	T.A 86	1972/86	/1.33		1.67	
Switzerland Austria	SIA. 191 O-Norm B 4455	1977/ 1978/84	1.4/1.7/2.0	1.3/1.5/1.8	1.4/1.7/2.0	1.6/1.8/2.0
USA	PTI Recom.	1979		1.67		1.67
CSSR	ON 731008	1980			1.4	
Italy	AICAP Rac.	1981	1.61		1.61	
FIP	Recom.	1982		1.4/1.6	2.0	
Great Britain	DD 81 : Recom. BS 8081	1982		1.4/1.6	2.0	
Hong Kong	Model Specs.	1984			2.0	1.6/1.8

국내에서는 가장 널리 사용되는 7연선 스트랜드(7wire strand)의 기계적 재료특성은 표 3.5와 같으며 7연선 스트랜드 외에 다른 규격의 인장재를 사용할 경우 재료의 기계적 특성을 정확히 파악하고 적용하여야 한다.

표 3.5 스트랜드의 재료특성(KS D7002 SWPC 7B Low relaxation)

구분	0.5inch	0.6inch	
공칭 직경(mm)	12.7mm	15.2mm	
공칭 단면적(mm²)	98.7	138.7	
공칭 중량(kg/m)	0.774	1.101	
최소 파괴하중(kN)	183	260	
0.2% 영구신율에 의한 최소 항복하중	156	255	
70% 초기하중에서 1,000시간 후 릴렉세이션	2.5% 이하	2.5% 이하	

　표 3.6은 국내에 가장 많이 사용되는 7연선 스트랜드의 가닥수와 하중의 관계를 보여주는 것이며 표 3.7, 표 3.8은 KS D 3505에 제시된 지반앵커의 인장재로 사용이 가능한 PS 강봉의 제원이다.

표 3.6 인장재 가닥수와 재료특성

Strand type	No. of strands	Cross sectional area(mm²)	Ultimate load (kN)	Working load(kN)	
				Temporary	Permanent
12.7mm	4	394.84	732	475	439
	5	493.55	915	595	549
	6	592.26	1,098	713	658
	7	690.97	1,281	832	768
	8	789.68	1,464	951	878
	9	888.39	1,647	1,070	988
	10	987.10	1,830	1,189	1,098
	11	1,085.81	2,013	1,308	1,207
	12	1,184.52	2,196	1,427	1,317
	13	1,283.23	2,379	1,546	1,427
	14	1,381.94	2,562	1,665	1,537
	15	1,480.65	2,749	1,786	1,647
	16	1,579.36	2,928	1,903	1,756
	17	1,678.07	3,111	2,022	1,866
	18	1,776.78	3,294	2,141	1,976

* Working load(k Temporary : $0.65f_{us}$, Permanent : $0.60f_{us}$

표 3.6 인장재 가닥수와 재료특성(계속)

Strand type	No. of strands	Cross sectional area(mm²)	Ultimate load (kN)	Working load(kN)	
				Temporary	Permanent
15.2mm	3	416.10	780	507	468
	4	554.80	1,040	676	624
	5	693.50	1,300	845	780
	6	832.20	1,560	1,014	936
	7	970.90	1,820	1,183	1,092
	8	1109.60	2,080	1,352	1,248
	9	1248.30	2,340	1,521	1,404
	10	1387.00	2,600	1,690	1,560
	11	1525.70	2,860	1,859	1,716
	12	1664.40	3,120	2,028	1,872

* Working load(k Temporary : $0.65f_{us}$, Permanent : $0.60f_{us}$

표 3.7 PS 강봉의 기계적 성질

종류		기호	비고			리렉세이션(%)
			항복점(MPa)	인장강도(MPa)	연신율(%)	
원형봉강 A종	1호	SBPR 785/930	800 이상	950 이상	5 이상	1.5% 이하
	2호	SBPR 785/1030	800 이상	1,050 이상	5 이상	1.5% 이하
원형봉강 B종	1호	SBPR 930/1080	950 이상	1,100 이상	5 이상	1.5% 이하
	2호	SBPR 930/1180	950 이상	1,200 이상	5 이상	1.5% 이하

표 3.8 PS 강봉의 종류

호칭 경 (mm)	기본 지름 (mm)	나사의 호칭	피치 (mm)	공칭단면적 (mm²)	단위중량 (N/m)
9.2	9.2	M10	1.25	66.48	5.2
11	11.0	M12	1.5	95.03	7.5
13	13.0	M14	1.5	132.7	10.4
17	17.0	M18	1.5	227.0	17.8
23	23.0	M24	2.0	415.5	32.6

표 3.8 PS 강봉의 종류(계속)

호칭 경 (mm)	기본 지름 (mm)	나사의 호칭	피치 (mm)	공칭단면적 (mm²)	단위중량 (N/m)
26	26.0	M27	2.0	530.9	41.7
32	32.0	M33	2.0	804.2	63.1

PS 강봉을 인장재로 사용하는 경우 나사가공을 하여 사용하는 것이 일반적이며 나사부를 충분히 확인하여야 한다. 강봉에 나사를 가공하는 경우에는 전조나사를 가공하는 것이 일반적이며 PS 강봉에 나사를 전조가공할 때 기본지름이 26mm 이상인 경우 소성가공을 해도 나사부의 인장강도가 거의 저하되지 않으나 지름이 23mm 이하인 경우 가공되는 나사부의 강도가 저하되어 PS 강봉 모재의 규정강도를 만족하지 못할 수도 있기 때문에 시험에 의해 모재의 인장강도를 만족하는지 확인되어야 한다.

• 인장재 계산 예(설계하중 F_d=400kN, 영구앵커, 12.7mm strand)

$$n = \frac{F_d}{0.6 \times f_{us}} = \frac{400}{0.6 \times 183} = 3.64 \quad or \quad n = \frac{F_d}{0.75 \times f_y} = \frac{400}{0.75 \times 156} = 3.41$$

⇨ 12.7mm strand 4가닥 적용

3.3 정착장 설계(Bond length)

지반앵커의 정착장은 필요로 하는 응력을 직접 발휘하는 가장 중요한 요소로 지반의 종류, 앵커의 정착방식, 인장재의 종류, 그라우팅 방식 등이 충분히 고려되어야 한다. 특히 지반과 주입재의 마찰저항, 주입재와 인장재의 부착저항, 지반의 지압강도 등에 대한 안정성이 충분히 확보되어야 한다. 또한 지반과 그라우트, 인장재 등 이질적인 재료로 구성되어 성능을 발휘하게 되므로 각각의 재료의 특성과 역학적 상호관계에 대하여 충분히 이해하여야 한다.

3.3.1 지반앵커의 정착원리

지반앵커의 정착원리는 앵커의 정착유형에 따라 다르다. 지반과 그라우트의 마찰저항, 그라우트와 인장재의 부착저항에 의해 필요한 앵커의 저항력을 확보하는 마찰형 앵커와 지반의 지압강도를 이용하여 필요한 앵커의 저항력을 확보하는 지압형 앵커로 구분할 수 있다.

마찰형 앵커는 비교적 지반의 불균질성에 대한 대응성이 양호하며 그라우트체에 인장력이 작용토록 거동하는 방식과 그라우트체에 압축력이 작용토록 거동하는 방식으로 구분되며 후자의 경우 압축형 앵커로 구분한다.

지압형 앵커는 정착지반을 구성하는 암반이 비교적 신선할 경우 그라우팅 이전에 선하중을 재하할 수 있다는 장점 때문에 암반사면 등에 적용성이 좋으나 지압형 앵커를 사용할 경우에는 정착지반이 비교적 신선해야 하고 R.Q.D, T.C.R 등을 고려하여 정착력에 대한 충분한 안정성이 확보될 수 있도록 하여야 한다.

또한 최근에는 앵커의 인장력에 의해 정착지반에 발생하는 응력을 최소화되도록 하여 정착지반의 지지효율을 증대시키고 지반앵커의 정착능력을 극대화시키기 위한 복합형 앵커가 개발되어 많이 사용되고 있다.

1) 마찰형(인장형) 앵커의 정착원리

마찰형(인장형) 앵커는 그림 3.2와 같이 ① 지반과 그라우트의 마찰저항, ② 인장재와 그라우트의 부착저항에 의해 정착력을 확보하며 각각에 대한 안전율을 만족하도록 설계되어야 한다.

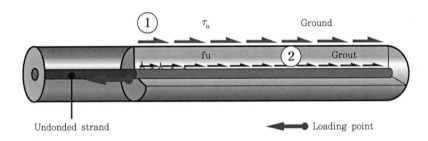

그림 3.2 마찰형(Friction type) 앵커의 정착원리

2) 압축형 앵커의 정착원리

압축형 앵커는 그림 3.3과 같이 마찰형(인장형) 앵커와 동일하게 앵커의 정착력을 확보하지만 그라우트에 압축력이 작용되므로 ① 지반과 그라우트 마찰저항, ② 정착체와 그라우트의 부착저항에 대한 안정성 외에 추가하여, ③ 그라우트의 압축강도에 대한 검토가 필요하다. 그라우트의 압축강도에 대한 안정성이 부족한 경우 지반앵커는 취성파괴를 유발하게 되므로 특히 주의하여야 할 사항이다. 간혹 현장에서 압축형 앵커의 인장작업에서 측정되는 늘음량이 탄성늘음량과 무관하게 증가되는

경우가 나타나는데, 이는 정착장 부분을 형성하는 그라우트의 압축파괴인 경우가 대부분이다.

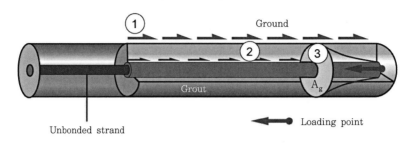

그림 3.3 압축형(Compression type) 앵커의 정착원리

3) 지압형 앵커의 정착원리

지압형 앵커의 정착원리는 그라우트의 품질과는 무관한 전혀 다른 유형의 앵커이다. 지압형 앵커의 정착능력은 그림 3.4와 같이 지반의 지압강도에 의해 결정되며 정착지반을 구성하는 암반이 비교적 신선할 경우 그라우트 작업 및 양생기간이 필요 없이 선하중을 재하할 수 있기 때문에 암반사면 등에 적용성이 좋다.

지압형 앵커를 사용할 경우에는 정착지반이 비교적 신선해야 하고 R.Q.D, T.C.R 등을 고려하여 정착력에 대한 충분한 안정성이 확보될 수 있도록 검토되어야 한다.

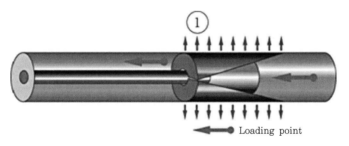

그림 3.4 지압형(Expansion type) 앵커의 정착원리

4) 복합형 앵커의 정착원리

복합형 앵커는 마찰형 앵커에서 인장재와 그라우트의 부착저항 대신 그림 3.5와 같이 임의의 정착체를 설치하여 지반앵커에 필요한 기능을 부가할 수 있도록 개량된 앵커 형태이다. 복합형 앵커는 ① 지반과 그라우트의 마찰저항, ② 정착체와 그라우트 부착저항에 의해 정착력을 확보하며 각각에 대하여 안정성을 확보하여야 한다.

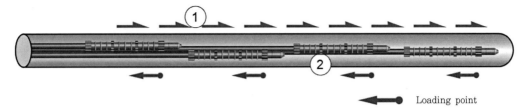

그림 3.5 복합형(Multi unit load transfer type)앵커의 정착원리

지반앵커의 정착력은 인발하중에 따른 정착장에서의 전단응력비(τ/F)로 나타낼 수 있으며 연구결과에 의하면 비교적 연약한 지반조건에서 발휘할 수 있는 최대정착력의 한계가 압축형 앵커를 1.0으로 볼 때 마찰형 앵커는 압축형 앵커에 비해 약 1.8~2배, 복합형 앵커는 약 2.6배의 정착력을 발휘할 수 있다고 보고된 바 있다.

3.3.2 지반과 그라우트 마찰저항(τ_u)

지반앵커에서 실제지반과 그라우트의 마찰저항의 분포는 암반이 약하지 않으면 균등하게 분포되지는 않는 것으로 알려져 있으며 각 재료의 탄성계수 비에 따라 응력분포가 달라진다. 보통 실무에서는 마찰저항분포를 균등하게 분포하는 것으로 가정하여 계산하며 지반과 그라우트의 마찰저항값은 지반의 종류와 그라우트의 강도특성에 지배된다. 표 3.9~3.12는 일반적으로 적용 가능한 지반과 그라우트의 마찰저항이다.

표 3.9 지반과 그라우트의 극한마찰저항(일본 토질공학회)

지반의 종류			극한마찰저항(kN/m²)
암반	경암		1,500~2,500
	연암		1,000~1,500
	풍화암		600~1,000
사력	N치	10	100~200
		20	170~250
		30	250~300
		40	350~450
		50	450~700

표 3.9 지반과 그라우트의 극한마찰저항(일본 토질공학회)(계속)

지반의 종류			극한마찰저항(kN/m²)
모래	N치	10	100~140
		20	180~220
		30	230~270
		40	290~350
		50	300~400
점성토			$0.1c(c : 점착력)$

표 3.10 Rock / Grout bond values I(Koch, 1972)

Rock type	Bond strength(N/mm²)		F.S	Source
	Working	Ultimate		
Weak rock	0.35~0.70		2.0	Australia−Koch(1972)
Medium rock	0.70~1.05		2.0	
Strong rock	1.05~1.40		2.0	
Soft sandstone and shale	0.10~0.14	0.37	2.7~3.7	Britain−Wycliffe Jones(1974)

표 3.11 Rock / Grout bond values II(Littlejohn et al., 1978)

Rock type	Ultimate Bond strength(N/mm²)
Granite and basalt	1.72~3.10
Dolomite limestone	1.38~2.07
Soft limestone	1.03~1.38
Slates and hard shale	0.83~1.38
Soft shales	0.21~0.83
Sandstone	0.83~1.03
Weathered marl	0.17~0.25

표 3.12 Rock / Grout bond values Recommended for Design

Rock type	Working bond (N/mm²)	Ultimate bond (N/mm²)	Factor of safety	Source
Igneous				
Medium hard basalt		5.73	3~4	India-Rao(1964)
Weathered granite		1.5~2.5		Japan-Suzuki et al(1972)
Basalt	1.21~1.38	3.86	2.8~3.2	Britain-Wycliffe-Jones(1974)
Granite	1.38~1.55	4.83	3.1~3.5	Britain-Wycliffe-Jones(1974)
Serpentine	0.45~0.59	1.55	2.6~3.5	Britain-Wycliffe-Jones(1974)
Granite and basalt		1.72~3.10	1.5~2.5	USA-PCI(1974)
Metamorphic				
Manhattan schist	0.7	2.8	4.0	USA-White(1973)
Slate and hard shale		0.83~1.38	1.5~2.5	USA-PCI(1974)
Calcareous Sediments				
Limestone	1.0	2.83	2.8	Switzerland-Losinger(1966)
Chalk-GradeI~III(N=SPT)	0.005N	0.22~1.07 0.01N	2.0 (Temporary) 3.0~4.0 (Permanent)	Britain-Littlejohn(1970)
Tertiary limestone	0.83~0.97	2.76	2.9~3.3	Britain-Wycliffe-Jones(1974)
Chalk limestone	0.86~1.00	2.76	2.8~3.2	Britain-Wycliffe-Jones(1974)
Soft limestone		1.03~1.52	1.5~2.5	USA-PCI(1974)
Dolomitic limestone		1.38~2.07	1.5~2.5	USA-PCI(1974)
Arenaceous Sediments				
Hard coarse-grained sandstone	2.45		1.75	Canada-Coates(1970)
Weathered sandstone		0.69~0.85	3.0	New Zealand-Irwin(1971)
Well-cemented sandstone		0.69	2.0~2.5	New Zealand-Irwin(1971)
Bunter sandstone	0.4		3.0	Britain-Littlejohn(1973)
Bunter sandstone (UCS>2.0N/mm²)	0.6		3.0	Britain-Littlejohn(1973)
Hard fine sandstone	0.69~0.83	2.24	2.7~3.3	Britain-Wycliffe-Jones(1974)
Sandstone		0.83~1.73	1.5~2.5	USA-PCI(1974)

표 3.12 Rock / Grout bond values Recommended for Design(계속)

Rock type	Working bond (N/mm²)	Ultimate bond (N/mm²)	Factor of safety	Source
Argillaceous Sediments				
Keuper marl		0.17~0.25 (0.45cu)	3.0	Britain-Littlejohn(1970) cu : undrained cohesion
Weak shale		0.35		Canada-Golder Brawner(1973)
Soft sandstone and shale	0.10~0.14	0.37	2.7~3.7	Britain-Wycliffe-Jones(1974)
Soft shale		0.21~1.83	1.5~2.5	USA-PCI(1974)
Wide variety of igneous and metamorphic rocks	1.05		2.0	Australia-Standard CA35(1973)

3.3.3 그라우트와 인장재 부착저항(f_{ub})

그라우트와 인장재의 부착저항은 인장재 종류와 그라우트의 강도특성에 지배되며 그라우트의 강도는 물/시멘트 비에 의해 좌우된다. 표 3.13, 3.14는 설계에 적용할 수 있는 그라우트와 인장재의 부착저항값을 보여주며 이러한 부착저항값은 인장재 여러 개가 서로 5.0mm 이상 떨어져 있는 경우에 적용 가능하다. 또한 천공 단면적에 대한 인장재의 밀도는 부착력의 감소와 관계가 있으며 보통 인장재의 단면적이 천공 단면적의 15%를 넘지 않도록 규정하고 있다.

즉, $\dfrac{A_s}{A_D} \leq 0.15$을 만족하도록 설계되어야 한다.

A_s : 인장재 단면적, A_D : 천공 홀(그라우트체) 단면적

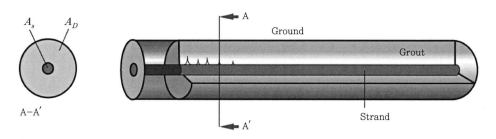

그림 3.6 천공 홀 단면적과 인장재 단면적 관계

표 3.13 인장재와 그라우트에 허용되는 최대부착응력 I(British Code, 1989)

인장재(강봉)	Characteristic strength of Grout(σ_{ckg}, N/mm^2)			
	20	25	30	40+
	Maximum Bond Stress(N/mm^2)			
Plain	1.2	1.4	1.5	1.9
Deformed	1.7	1.9	2.2	2.6

표 3.14 인장재와 그라우트에 허용되는 최대부착응력 II(Littlejohn, 1980)

구분	Bond stress(N/mm^2)
Clean plain wire or plain bar tendon	1.0
Clean crimped wire tendon	1.5
Clean strand or deformed bar	2.0

3.3.4 복합형 앵커에서의 정착체와 그라우트의 부착저항

복합형 앵커에서 정착체와 그라우트의 부착저항 메커니즘은 아직 명확하게 규명된 바 없다. 다만 기존의 공학적 원리에 기인하여 부착저항에 대한 안정성이 확보되어야 할 것이다.

그림 3.7에서 지반앵커의 인장력에 대응하는 정착체의 정착거동은 ①과 같은 그라우트와 정착체의 부착거동과 ②와 같은 정착체 선단의 압축면적(A_c)에 대응하는 그라우트의 압축거동으로 추정할 수 있다. 즉, 추정 가능한 최대 정착력(f_{ub})은 식 (3.1)로 표현할 수 있다.

$$f_{ub} \leq A_c \sigma_{cg} + \pi d \tau l \tag{3.1}$$

여기서, A_c : 정착체의 압축단면적

   σ_{cg} : 그라우트 압축강도

   d : 정착체 직경

   l : 정착체 길이

   τ : 그라우트와 정착체의 부착저항

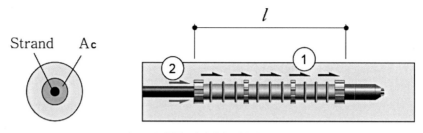

그림 3.7 복합형 앵커에서 정착체의 부착거동

하지만 이러한 거동은 공학적으로 명확하게 검증되지 않은 내용으로 정착체에 임의의 하중이 작용할 때 정착체와 그라우트의 부착 경계면에는 변위가 필연적으로 발생하게 된다. 정착체의 저항이 그라우트의 압축저항에 지배되는 경우에는 그라우트의 압축저항력으로 1차 저항하게 되고 그라우트체의 압축저항에 의한 변위가 발생하여야 2차 정착체의 주면부착저항력이 발생하게 된다.

또한 정착제의 저항이 주면부착저항이 주된 저항으로 작용할 경우, 작용하중에 대하여 정착체와 그라우트의 주면부착에 의해 1차 저항하게 되고, 이때 부착저항에 따른 변위가 발생하여야 2차 정착체 선단에 압축력이 작용하게 된다. 따라서 정착체에 작용하는 부착저항과 압축저항을 동시에 고려하는 것은 공학적으로 검증된 바 없는 사실이다.

즉, 정착체의 부착저항(τ)과 부착저항에 따른 변위(Δl_r), 정착체의 압축저항(σ_{cg})과 압축저항에 의한 변위(Δl_σ)의 관계는 단순하게 식 (3.1)로 설명되는 것이 아니며 정착체의 저항과 변위의 영향이 고려되어야 하는 것이다.

따라서 정착체의 최대저항력(f_{ub})은 아래와 같이 표현할 수 있다.

- 부착저항이 마찰저항에 지배되는 경우 : $f_{ub} = (\pi d \tau l) + \alpha (A_c \sigma_{ckg})$
- 부착저항이 압축저항에 지배되는 경우 : $f_{ub} = (A_c \sigma_{ckg}) + \alpha (\pi d \tau l)$

여기서 변위를 고려한 영향계수(α)는 0보다 크고 1보다 작은 값, 즉 $0 < \alpha < 1$의 범위에서 고려되어야 한다. 아직 이러한 영향에 대한 연구는 이루어지지 않고 있는 실정이며 지반앵커에서 이러한 정밀 설계는 공법의 정밀도에 비해 과도한 것으로 판단된다.

이러한 경우 주된 저항효과를 발휘하는 요소로 검토하고 2차 저항효과는 잠재적 안전 측으로 고려하는 것이 타당할 것이며 다음과 같이 검토하는 것이 안전 측이 된다.

- 부착저항이 마찰저항에 지배되는 경우 : $f_{ub} = \pi d \tau l$

- 부착저항이 압축저항에 지배되는 경우 : $f_{ub} = A_c \sigma_{ckg}$

3.3.5 압축형 앵커에서 그라우트 압축강도의 영향

압축형 앵커에서 정착장의 정착거동은 지반과 그라우트의 마찰저항과 그라우트와 인장재의 부착저항 외에 그림 3.8의 ③과 같이 그라우트의 압축강도 영향을 받는다.

따라서 압축형 앵커의 설계에서는 그라우트 압축강도에 대한 검토가 필요하다.

압축형 앵커에서 그라우트의 압축파괴는 지반앵커의 취성파괴를 유발하게 되므로 중요한 사항이다. 특히 정착지반의 강도가 그라우트 강도보다 약한 경우 설계하중에 대한 그라우트 압축강도의 안정성은 반드시 검토되어야 하며, 이때 그라우트 압축강도를 발휘하는 그라우트체의 단면적(A_g)은 천공 홀 단면적의 85%, 즉 $A_g = 0.85 A_D$를 넘지 않도록 하여야 한다.

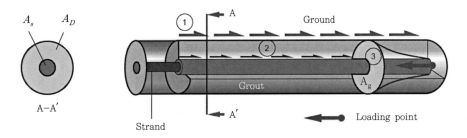

그림 3.8 압축형 앵커에서 그라우트의 압축 거동

예를 들면, 지반앵커의 천공직경을 D =152mm, 그라우트 압축강도 σ_{ckg} =0.028kN/mm^{2}일 때, 압축응력을 받는 그라우트 단면적(A_g)은,

$$A_g = 0.85 A_D = 0.85 \times 18,136 = 15,416 \text{mm}^2 \, (15\%는 \, 인장재 \, 단면적)$$

$$A_D = \frac{\pi D^2}{4} = \frac{\pi \times 152^2}{4} = 18,136 \text{mm}^2 으로 \, 계산되고$$

따라서 그라우트 압축강도 σ_{ckg} =0.028kN/mm^{2}로 가정할 때 압축형 앵커에 적용 가능한 최대 설계하중은 $F_{cg_{max.}} = A_g \times \sigma_{ckg}$ =15,416 $\times$ 0.028 =431.65kN으로 계산된다.

3.3.6 지압형 앵커의 정착력

지압형 앵커의 정착원리는 그림 3.4에서와 같이 그라우트의 강도와 무관한 정착지반의 지압능력에 의해 정착력이 결정된다. 지압형 앵커의 정착력을 계산하기 위해서는 대상지반에 대한 정확한 정보(지압강도 등)와 확장쐐기(expansion shell)의 규격이 필요하다.

지압형 앵커의 정착력 계산을 위해 표 3.13을 이용하는 데 정착지반의 불연속면 특성 등을 고려하여 보수적으로 접근하는 것이 바람직하며 현장시험을 통해 지압형 앵커의 정착력을 확인할 수 있도록 해야 한다.

표 3.15 암석재료의 강도 분류(ISRM, 1981)

구분	상태	일축압축강도(MPa)
극히 강한 암석	시료가 지질 해머에 의해서만 쪼개짐	>250
매우 강한 암석	시료를 파쇄시키는 데 수 회의 지질 해머 타격이 필요함	100~250
강한 암석	시료를 파쇄시키는 데 1회 이상의 지질 해머 타격이 필요함	50~100
보통 약한 암석	휴대용 칼로 긁히거나 벗겨지지 않음. 시료는 1회의 강한 지질 해머 타격으로 파쇄됨	25~50
약한 암석	휴대용 칼로 벗겨지며 지질 해머의 뾰족한 끝을 이용한 강한 타격으로 얕은 만입 생성	5~25
매우 약한 암석	지질 해머의 뾰족한 끝을 이용한 강한 타격으로 부서지고 휴대용 칼로 벗겨짐	1~5
극히 약한 암석	엄지손톱으로 만입됨	0.25~1.0
견고한 점토	엄지손톱으로 어렵게 만입됨	>0.5
매우 굳은 점토	엄지손톱으로 쉽게 만입됨	0.25~0.5
굳은 점토	엄지손톱으로 쉽게 만입되며 매우 어렵게 관입됨	0.1~0.25
단단한 점토	보통의 힘에 의해 엄지가 수인치 관입될 수 있음	0.05~0.10
연약점토	엄지가 쉽게 수인치 관입됨	0.025~0.050
매우 연약한 점토	주먹이 쉽게 수인치 관입됨	<0.025

3.3.7 최소 및 최대정착장

지반앵커에서 최소정착장의 개념은 정착지반의 비균질성에 대응하기 위한 수단으로 중요한 의미를 갖는다. 실제 앵커를 시공함에 있어서 정착대상 지반의 특성을 정확히 파악하는 것은 매우 어려운 일이며 개략적인 대상지반의 특성을 육안에 의해 설계도서와 비교하여 시공하는 것이 보통이다. 최소정착장은 이러한 지반의 불확실성 또는 불균질성에 대응하기 위한 개념으로 고려되는 것이며 보통 3.0~4.5m의 범위로 제안하고 있다.

최대정착장에 대한 제한은 지반앵커의 작용하중에 주로 정착장의 부착 또는 전단에 의해 전달되며 정착장 전체에 균등하게 분포하는 것이 아니고 그림 3.9와 같이 마찰형 앵커는 정착장의 선단, 압축형 앵커는 정착장 끝단에 집중되어 분포한다. 이러한 현상은 지반앵커를 구성하는 그라우트체와 지반의 강성비에 따라 다소 차이는 있지만 이런 이유로 어느 한계길이 이상의 정착은 불필요한 것으로 알려져 있으며 지반앵커의 최대 정착장은 보통 10.0~11.0m 이하로 제한하고 있다.

지반앵커의 설계에서 설계하중이 크거나 지반조건이 매우 불리한 경우 10.0m를 넘는 정착장이 필요한 경우가 종종 있다. 이러한 경우 천공직경을 확대하여 정착력을 확보하는 것이 지반앵커의 안정 측면에서 유리하다.

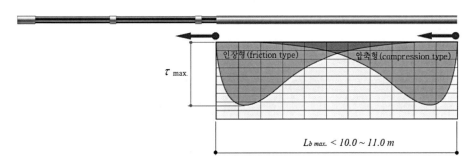

그림 3.9 지반앵커의 전단응력 분포

3.4 자유장 산정(Free length)

지반앵커공법에서 자유장은 정착장에서 발휘하는 설계앵커력을 목적하는 구조체에 전달하는 구성요소이다. 지반앵커의 자유장 산정에 있어서 중요한 요소는 지반앵커의 정착장을 구속하는 토체의 중량이 설계앵커력에 대하여 충분히 저항할 수 있도록 하여 앵커 구조물의 내적 안정이 유지될 수 있는 길이를 확보하여야 한다는 것이다.

지반앵커에서 자유장은 앵커의 내적 안정성과 풀아웃(pull-out)에 대한 안정성, 인장력 도입을 위한 응력손실이 고려된 최소자유길이 확보의 세 가지 조건을 만족해야 한다.

3.4.1 최소자유장

지반앵커에서 최소자유장은 지반앵커의 내적 안정, 풀아웃(pull-out)에 대한 안정성 외에 초기인장력과 정착장치에서의 응력손실과 밀접한 관계가 있다. 정착장치의 슬립에 의한 응력손실은 자유장 길이와 반비례 관계에 있으며 자유장 길이가 너무 짧아지면 정착장치에서의 응력손실이 커지는 것이다.

정착장치에서의 응력손실을 보정하기 위해 초기인장력을 무작정 증가시킬 경우 인장재의 항복강도를 넘어서게 된다. 즉, 자유장 길이가 너무 짧을 경우 정상적인 초기인장력 도입이 불가능할 수 있으며 이러한 이유 때문에 최소 자유장에 대한 기준이 필요한 것이다(최소자유장과 초기인장력 관계는 3.6절에서 자세히 설명한다).

일반적으로 최소자유장 길이는 4.5m를 추천하고 있으며 이보다 짧게 적용되는 경우에는 인장재의 허용응력을 고려하여 초기인장력이 검토되어야 한다.

3.4.2 지반앵커의 내적 안정

지반앵커의 내적 안정은 앵커의 자유장 길이를 결정하는 중요한 이유가 된다. 가장 대표적인 방법은 크란즈(Kranz)의 간이계산법이 있으며 이는 앵커가 적용된 구조계의 한계평형해석 조건에 의하여 설명된다.

그림 3.10에서 앵커의 한계저항력을 구하고 수평분력과 앵커설계력과의 비를 구하여 안전율로 하는 것이다. 보통 안전율 1.2~1.5를 만족할 수 있어야 하며 c점은 정착장의 1/2 지점이다.

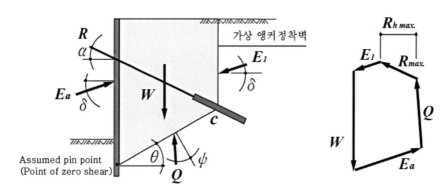

그림 3.10 Kranz 간이계산법

3.4.3 토류 구조물에서의 자유장

토류구조물에서의 자유장 산정에서 중요한 것은 지반앵커의 내적 안정 확보이다.

내적 안정 검토방법은 3.4.2에 소개한 크란즈의 간이계산법이 있으며 또한 그림 3.11, 3.12와 같은 방법들이 있다. 이러한 방법의 기본원리는 정착장의 위치가 지반의 추정파괴에 대하여 영향을 받지 않는 탄성영역에 위치되도록 하는 것이며 안정성이 충분히 검증된 방법으로 실무에 적용함에 무리가 없을 것이다.

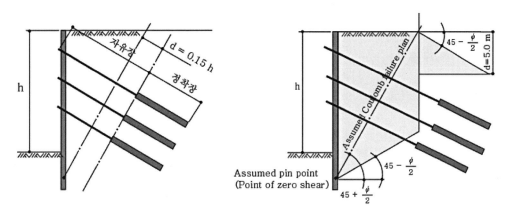

그림 3.11 토류 구조물에서 지반앵커 자유장 산정

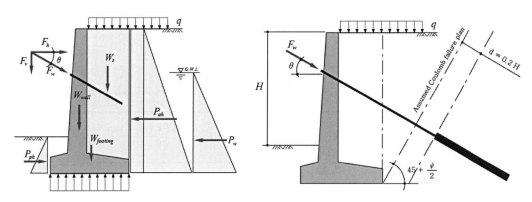

그림 3.12 옹벽구조물에서 자유장 산정

3.4.4 수직앵커의 자유장

수직으로 설치되는 앵커는 보통 수압에 대응하거나 타워 등의 구조물에서 전도에 대한 보강으로 쓰이는 경우가 대부분이다. 수직으로 설치되는 앵커의 내적 안정은 그림 3.13(a)와 같이 독립적으로 설치된 앵커와 그림 3.13(b)와 같이 인접하여 다수의 앵커가 설치된 경우로 구분되어야 한다. 즉, 간섭에 의한 영향을 고려해야 하는 경우로 구분되며 앵커의 설계하중에 대응할 수 있도록 토체의 중량에 의한 충분한 저항력이 확보되어야 한다.

앵커의 뽑힘(pull-out)에 대한 안정은 표 3.16의 공식을 이용하여 간단하게 계산할 수 있다.

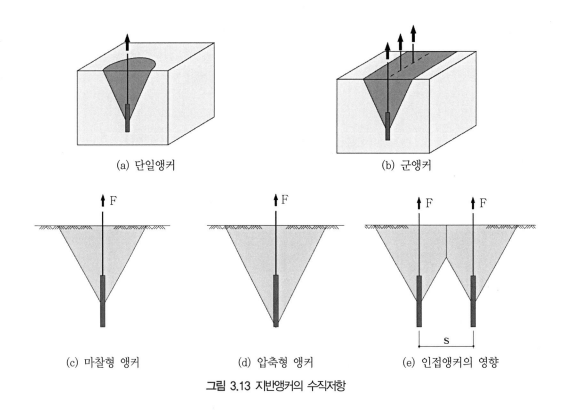

(a) 단일앵커   (b) 군앵커

(c) 마찰형 앵커   (d) 압축형 앵커   (e) 인접앵커의 영향

그림 3.13 지반앵커의 수직저항

표 3.16 Suggested depth of anchor for overall cone stability. from Hobst(1965)

Rock type	Formula for Depth of cone	
	One Anchor	Group of Anchor
'Sound' homogeneous rock	$\sqrt{\dfrac{F.SF_d}{4.44\tau}}$	$\dfrac{F.SF_d}{2.83\tau s}$
Irregular fissured rock	$\sqrt{\dfrac{3F.S(F_d)}{\gamma\pi\tan\phi}}$	$\sqrt{\dfrac{F.S(F_d)}{\gamma s\tan\phi}}$
Irregular submerged fissured rock	$\sqrt{\dfrac{3F.S(F_d)}{(\gamma-1)s\tan\phi}}$	$\sqrt{\dfrac{F.S(F_d)}{(\gamma-1)s\tan\phi}}$

그림 3.14는 앵커가 적용된 지하구조물의 부력에 대한 안정검토의 개요를 보여주는 것이며 이때 안전율은 1.2 이상 확보되도록 하여야 한다.

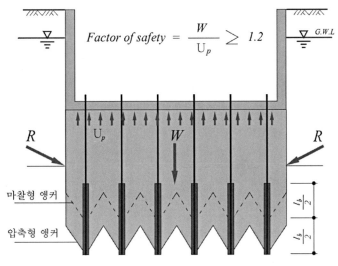

그림 3.14 수직앵커의 뽑힘(Pull-out)에 대한 안정

3.4.5 경사로 설치되는 앵커의 자유장

지반앵커를 적용함에 있어서 그림 3.15와 같이 경사방향으로 저항하도록 설치되는 경우가 있다. 이때 앵커의 자유장은 앵커의 정착장을 구속하는 상부토체의 중량과 관계가 있으며 앵커가 부담할 수 있는 최대저항력($F_{\max.}$)은 힘의 평형조건에 의해 결정된다.

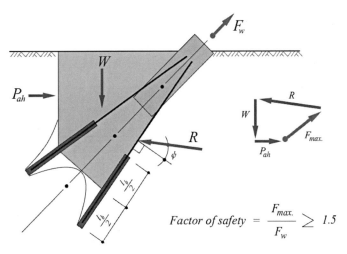

그림 3.15 경사앵커의 자유장 산정

3.4.6 비탈면 보강 앵커의 자유장

비탈면 보강앵커에서 자유장은 지반의 예상파괴면과 관계된다. 그림 3.16은 비탈면보강 앵커의 자유장 산정방법을 보여주는 것으로 이때 주의할 사항은 3.4.1항에 언급된 최소 자유장 기준을 만족하여야 한다.

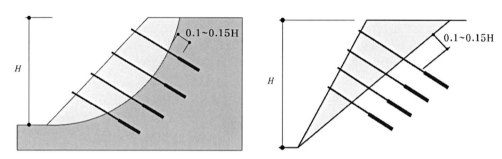

그림 3.16 비탈면 앵커의 자유장 산정

3.4.7 지반앵커의 군효과

지반앵커의 적용에서 단일앵커로 적용되는 경우는 극히 일부이며 보통 여러 개의 앵커를 함께 설치하게 된다. 이런 경우 인접앵커 영향으로 앵커의 저항능력 감소로 나타나게 된다. 일반적으로 앵커의 군효과는 앵커의 설치깊이와 인접거리의 관계로 설명되며 각 앵커의 풀 아웃에 대한 안정성이 감소하는 형태의 영향이 나타난다.

그림 3.17에서 수직으로 설치된 군 앵커의 실제 저항력은 식 (3.2)로 계산할 수 있으며 $\frac{a}{R} \geq 2.0$ 이상인 경우 영향은 거의 나타나지 않는다.

$$T' = \Phi' T \tag{3.2}$$

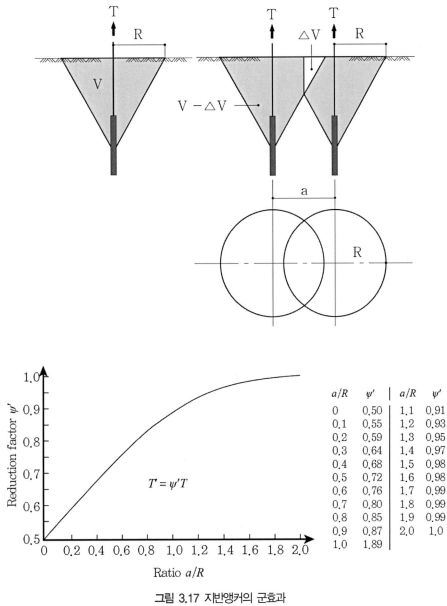

그림 3.17 지반앵커의 군효과

a/R	ψ'	a/R	ψ'
0	0.50	1.1	0.91
0.1	0.55	1.2	0.93
0.2	0.59	1.3	0.95
0.3	0.64	1.4	0.97
0.4	0.68	1.5	0.98
0.5	0.72	1.6	0.98
0.6	0.76	1.7	0.99
0.7	0.80	1.8	0.99
0.8	0.85	1.9	0.99
0.9	0.87	2.0	1.0
1.0	1.89		

3.5 정착구 설계(Anchorage zone)

지반앵커에서 정착구는 보통 앵커블록＋지압판＋앵커헤드로 구성되며 정착구의 선정에 있어서 중요한 사항은 작업여건과 인장재의 종류이다. 인장재를 직접 고정하는 정착헤드는 설계하중에 대한 각 공급업체별 사양이 다양하게 제공되고 있으며 앵커블록과 지압판은 설계앵커력에 대하여 충분한 안정성이 확보되도록 검토되어야 한다.

특히 앵커블록의 대부분은 콘크리트를 재료로 제작되며 대상 지반면에 정확하게 밀착시키기 어려운 실정이다. 따라서 앵커블록의 설계에서 대상지반의 종류에 따라 충분한 안정성을 확보할 수 있도록 하여야 한다.

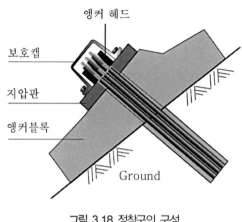

그림 3.18 정착구의 구성

3.5.1 앵커블록

지반앵커용으로 사용되는 앵커블록은 대부분 콘크리트로 제작되며 목적에 따라 다양한 모양으로 설치된다. 사진 3.1은 다양한 앵커블록의 설치 예를 보여주는 것이다.

앵커블록은 기본적으로 지반앵커의 초기인장력에 대하여 충분히 안정하여야 하며, 블록설계에서 적용하는 설계하중(F_{dblock})은 초기인장력(F_j) 이상, 인장재의 항복하중(f_y)을 넘지 않는 범위에서 결정하여야 한다.

즉, $F_j \leq F_{dblock} \leq 0.94f_y$를 만족해야 한다.

또한 앵커블록 설계는 보통 탄성보법과 단순보법으로 구분할 수 있으며 대상 지반면이 토사인 경우 탄성보법, 풍화암 이상 대상 지반면에 블록을 완전히 밀착시키기 어려운 경우 단순보법으로 검토하는 것이 안전 측으로 된다.

(a) 프리캐스트 격자블록

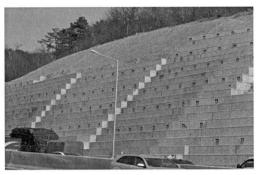

(b) 계단식 옹벽

(c) 현장타설 격자블록

(d) 프리캐스트 사각블록

사진 3.1 다양한 앵커블록 설치 예

앵커블록의 설치에서 블록과 접지면의 밀착효과를 위해서 현장타설 콘크리트 격자블록을 적용하기도 하는데, 이때 여러 가지 사항이 고려되어야 한다.

비탈면 보강공사에서 비탈면의 굴착 및 앵커블록의 설치는 단계별 굴착의 개념으로 보강되어야 하는데 현장타설 콘크리트 블록을 적용할 경우 앵커 설치 외에 블록 설치를 위한 철근 가공 및 조립 설치, 콘크리트 타설 및 양생과정이 필요하게 된다. 또한 현장여건을 고려할 때 임의의 경사를 가진 비탈면에 콘크리트 블록을 설치함에 있어서 최상의 품질을 확보하기에는 다소 무리가 있다. 철근 조립설치, 거푸집 설치 및 콘크리트 타설 등 시공과정에서 목적하는 품질을 달성하기에 매우 불리한 조건인 것이다. 이러한 이유로 최근에는 많이 적용되지 않고 있는 실정이다.

1) 탄성보법

앵커블록 설치 대상지반이 토사인 경우 지반의 지지력과 반력에 의해 앵커블록을 설계하며 탄성 받침위에 앵커하중이 집중하중으로 작용하는 것으로 가정하여 검토한다.

• 지지력 검토

앵커하중과 콘크리트 블록의 재하면적을 검토하여 지반에 생기는 반력이 지반의 허용지지력을 넘지 않도록 하며 지지력은 Terzaghi 지지력공식을 이용하여 구한다.

즉, $q_a \geq \dfrac{F_{dblock}}{A_b}$ 을 만족하여야 한다.

여기서, q_a : 지반의 허용지지력, F_{dblock} : 블록 설계하중, A_b : 블록의 접지면적

$$q_u = \frac{2}{3}cN'_c + qN'_q + \frac{1}{2} + \gamma BN'_\gamma$$

• 휨 모멘트

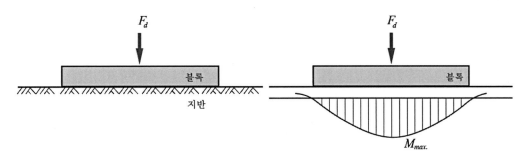

그림 3.19 탄성보법에서 $M_{\max.}$

휨 모멘트 : $M_o = \dfrac{F_d}{4\beta}$, $\beta = \sqrt[4]{\left(\dfrac{K_v b}{4 E_c I_x}\right)}$

여기서, E_c : 콘크리트 탄성계수, I_x : 단면 2차 모멘트

연직방향 지반반력계수 $K_v = K_{vo}\left(\dfrac{B_v}{30}\right)^{-\frac{3}{4}}$, $K_{vo} = \dfrac{1}{30}\alpha E_o$, $B_v = \sqrt{A_v}$

여기서, E_o : 지반변형계수, K_{vo} : 평판재하시험에 상당하는 연직방향 지반반력계수

　　　　B_v : 기초의 환산 재하 폭, A_v : 연직방향 재하면적

　　　　α : 지반반력계수 추정을 위한 계수

2) 단순보법

앵커블록 설치 대상지반이 암반인 경우 현실적으로 블록을 접지면과 완전히 밀착시키기는 어렵다. 이러한 경우 양단 지지조건의 단순보로 검토하는 것이 안전 측이 된다. 또한 가급적 헌치를 설치하여 전단저항 단면을 확대하는 것이 유리하다.

• 지지력 검토

앵커하중과 콘크리트 블록의 재하면적을 검토하여 지반에 생기는 반력이 지반의 허용지지력을 넘지 않도록 하여야 한다.

즉, $q_a \geq \dfrac{F_{dblock}}{A_b}$ 을 만족하여야 한다.

여기서, q_a : 지반의 허용지지력, F_{dblock} : 블록 설계하중, A_b : 블록의 접지면적

표 3.17 지반의 종류와 허용지지력(CFEM, 1992)

지지지반의 종류		허용지지력 q_a(kN/m²)	비고	
			일축압축강도 q_u(kN/m²)	N치
암반	균열이 적은 균질한 경암	1,000	10,000 이상	–
	균열이 많은 경암	600	10,000 이상	–
	연암	300	1,000 이상	–
역암	조밀한 것	600	–	–
	조밀하지 않은 것	300	–	–
사질지반	조밀한 것	300	–	30~50
	조밀하지 않은 것	200	–	20~30

• 휨 모멘트

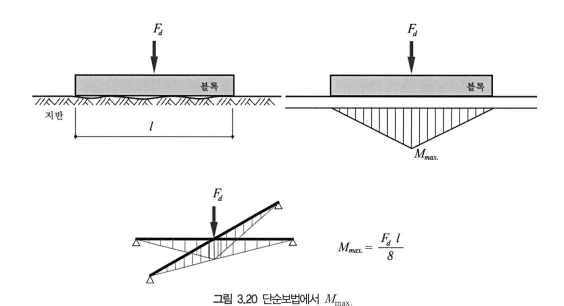

그림 3.20 단순보법에서 $M_{\max.}$

3.5.2 지압판 설계

　지반앵커의 지압판은 설계앵커력을 앵커블록에 직접 작용토록 하는 부재로 보통 양방향 스라브로 가정하고 계산하는 것이 안전 측이 되며, 지압판 설계에서의 설계하중($F_d{}'$)은 앵커의 설계하중(F_d)과는 다르게 적용되어야 한다. 즉, 지압판에 작용하는 최대인장하중 조건과 인장재에 적용 가능한 최대하중조건을 고려해야 하는데, 먼저 지압판에 작용하는 최대인장하중 조건은 초기인장하중과 최대시험하중의 크기가 고려되어야 한다. 또한 인장재에 적용 가능한 최대하중조건은 인장재 극한하중의 80% 이하(또는 인장재 항복강도의 94% 이하)로 고려하여 이 중 가장 큰 하중조건을 지압판에 작용하는 하중조건으로 설정함이 바람직하다.

　즉, 지압판의 설계하중($F_d{}'$)은 $F_j \leq F_d{}' \leq 0.94 f_y$을 만족하여야 한다.

　그림 3.21은 지압판 설계에서 하중작용 개요를 보여주는 것이며 지압판의 폭(b)에 앵커 설치를 위한 스리브 직경(ds)을 고려하여 인장력에 대응하는 지압판의 반력분포(w)가 결정되어야 한다.

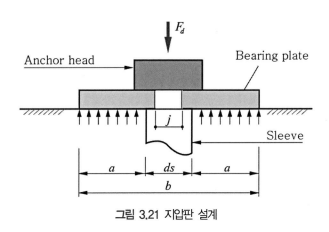

그림 3.21 지압판 설계

　다음은 지압판의 계산 예를 국내설계기준에 근거한 강도설계법과 허용응력설계법을 이용하여 나타내었다.

　강도설계법에서 콘크리트 지압강도는 $f_b = \phi_b 0.85 f_{ck} \cdot A_1$이며, 여기서 콘크리트 지압강도에 대한 강도감소계수 $\phi_b = 0.7$[도로교설계기준(2010) 2.2.3.3 설계강도 참조]이며, A_1은 재하면적으로서 지지표면의 재하면적과의 상관관계를 고려해야 한다.

　즉, 지지표면이 재하면보다 모든 측면에서 큰 경우에는 재하면의 설계지압강도는 면적비에 대한 보정을 하게 되며, 이때 면적비 $\sqrt{A_2/A_1}$는 2.0을 넘지 않도록 하고 있다[도로교설계기준(2010) 4.4.8 지압강도].

또한 지압판(강재)의 휨강도 $f_{sy} = \phi_f \cdot f_y$이며, 여기서 강재 휨강도에 대한 강도감소계수는 $\phi_f = 0.85$[도로교설계기준(2010) 2.2.3.3 설계강도 참조]이며, f_y은 강종과 강재의 판두께(t)에 따른 항복강도를 나타낸다. 예로서 SS400 강종에 대한 기준항복강도는 $t \leq 40$mm인 경우 235MPa이며, $t > 40$mm인 경우에는 215MPa[도로교설계기준(2010) 3.2.5 강재의 선정 참조]이다.

• 강도설계법에 의한 지압판 계산 예(그림 3.21 참조)
  – 검토조건 :
  설계 하중 : $F_d = 500$kN

$$F_j = 590\text{kN}, \quad 0.94f_y = 0.94 \times 5 \times 156 = 733\text{kN}$$

$$F_t = 1.33F_d = 1.33 \times 500 = 665\text{kN}, \quad F_{d'} = 700\text{kN 적용}$$

  사용 인장재 : 직경 12.7mm 스트랜드 5가닥

  – 스리브 직경($d_s = 0.1$m)을 고려한 지압응력을 받는 콘크리트의 비유효면적

$$A_o = \frac{\pi d_s^2}{4} = \frac{\pi \times 0.1^2}{4} = 7.85 \times 10^{-3} \text{m}^2$$

  – 콘크리트 지압강도에 의한 지압판 폭(b)의 계산

$$f_b = \phi_b 0.85 f_{ck} \times \sqrt{\frac{A_2}{A_1}} = 0.7 \times 0.85 \times 24 \times 2.0 = 28.56 \text{MPa}$$

여기서 재하 면적비, 즉 지압판 면적(A_1) 대비 지지표면의 면적(A_2)는 최소 2.0 이상이므로 2.0를 적용한다.

한편, 콘크리트 지압강도 $f_b \geq \dfrac{F_{d'}}{A'} = \dfrac{F_{d'}}{A - A_o}$ 이어야 하므로 지압판 면적(A)은 다음과 같은 관계식으로 결정하게 된다. 즉,

$$A \geq \frac{F_{d'}}{f_b} + A_o = \frac{700}{28,560} + 7.85 \times 10^{-3} = 0.032 \text{m}^2$$

따라서 지압판의 폭 $b = \sqrt{A} = \sqrt{0.032} = 0.18\text{m} = 180\text{mm}$ 이므로 $b = 220\text{mm}$ 를 적용한다.

- 지압판(anchor plate)의 휨강도에 의한 지압판 두께(t)의 계산

지압판 휨강도 $f_{sy} = \phi_f \cdot f_y = 0.85 \times 240 \simeq 204\text{MPa}$ 이며, 지압판(anchor plate)을 2방향성 보로 가정하면,

$$\text{작용하중 } F_x = F_y = \frac{F_{d'}}{2} = \frac{700}{2} = 350\text{kN}$$

또한 슬리브 직경(0.1m)을 고려한 반력 폭 $a = \frac{b - d_s}{2} = \frac{0.22 - 0.10}{2} = 0.06\text{m}$ 이며,

$$\text{지압판에 작용하는 반력 } \omega = \frac{F_x}{b - d_s} = \frac{350}{0.22 - 0.1} = 2,917\text{kN/m}$$

$$\text{작용모멘트 : } M = \frac{\omega a^2}{2} = \frac{2,917 \times 0.06^2}{2} = 5.25\text{kN} \cdot \text{m}$$

따라서 지압판 휨강도(f_{sy})와 지압판의 단면계수(Z)를 고려한 지압판의 두께(t)는 다음과 같다.

$$t \geq \sqrt{\frac{6 \times M}{b \times f_{sy}}} = \sqrt{\frac{6 \times 5.25}{0.22 \times 20,400}} = 0.0265\text{m} \simeq 28\text{mm} \text{ 적용}$$

계산 결과 : 220mm × 220mm × 28mm 적용

• 허용응력 설계법에 의한 지압판 계산 예(그림 3.21 참조)
 - 스리브 직경($d_s = 0.1$m)을 고려한 지압응력을 받는 콘크리트의 비유효면적

$$A_o = \frac{\pi d_s^2}{4} = \frac{\pi \times 0.1^2}{4} = 7.85 \times 10^{-3}\text{m}^2$$

- 콘크리트 허용지압응력에 의한 지압판 폭(b)의 계산

$$\sigma_{ba} = 0.5 f_{ck} = 0.5 \times 24 = 12\text{MPa}$$

[도교설계기준(2010) 4.5.2.1 콘크리트의 허용응력 참조]

한편, 콘크리트 허용지압응력 $\sigma_{ba} \geq \dfrac{F_{d'}}{A'} = \dfrac{F_{d'}}{A - A_o}$ 이어야 하므로 지압판 면적(A)은 다음과 같은 관계식으로 결정하게 된다. 즉,

$$A \geq \frac{F_{d'}}{\sigma_{ba}} + A_o = \frac{700}{12,000} + 7.85 \times 10^{-3} = 0.066\text{m}^2$$

따라서 지압판의 폭 $b = \sqrt{A} = \sqrt{0.066} = 0.26\text{m} = 260\text{mm}$ 이므로 $b = 280\text{mm}$ 를 적용한다.

- 지압판(anchor plate)의 허용휨응력에 의한 지압판 두께(t)의 계산
[도로교설계기준(2010) 3.3.2.1 구조용강재의 허용응력 참조]
지압판의 허용휨응력 $f_{sa} = 140\ MPa$(t≤40cm)이며, 지압판(anchor plate)을 2방향성 보로 가정하면,

$$작용하중 : F_x = F_y = \frac{F_{d'}}{2} = \frac{700}{2} = 350\text{kN}$$

또한 슬리브 직경(0.1m)을 고려한 반력 폭 $a = \dfrac{b - d_s}{2} = \dfrac{0.22 - 0.10}{2} = 0.06\text{m}$ 이며,

$$지압판에 작용하는 반력 : \omega = \frac{F_x}{b - d_s} = \frac{350}{0.22 - 0.1} = 2,917\text{kN/m}$$

$$작용모멘트 : M = \frac{\omega a^2}{2} = \frac{2,917 \times 0.06^2}{2} = 5.25\text{kN} \cdot \text{m}$$

따라서 지압판의 허용휨응력(f_{sa})과 지압판의 단면계수(Z)을 고려한 지압판의 두께(t)는 다음과 같다.

$$t \geq \sqrt{\frac{6 \times M}{b \times f_{sa}}} = \frac{6 \times 5.25}{0.22 \times 14,000} = 0.0283\text{m} \simeq 30\text{mm}$$를 적용한다.

계산 결과 : 280mm × 280mm × 30mm를 적용한다.

3.5.3 정착헤드의 선정

정착헤드의 선정은 향후 유지관리가 가능하도록 재인장이 가능한 정착헤드를 사용하여야 하며 영구앵커의 경우 정착헤드가 충분히 보호될 수 있도록, 방청처리가 가능하고 충분한 강도가 확보된 보호캡을 사용하여야 한다.

그림 3.22는 일반적으로 사용되는 재인장이 가능한 정착헤드와 재인장 원리를 보여주는 것이다.

그림 3.22에서 재인장형 정착헤드는 크게 두 가지로 구분할 수 있는데 재인장을 위해 인장재의 여유길이가 필요한 경우와 필요하지 않은 경우이다. 사면보강이나 옹벽보강 등 앵커의 정착부가 노출되는 경우는 재인장을 위한 여유고가 미관이나 두부보호의 개념에서 단순하게 처리되지만 수압 대응앵커 등 수직으로 설치되어 구조물에 매입되는 앵커의 경우는 다른 의미로 이해되어야 한다.

그림 3.23은 일반적으로 적용되는 수압대응 영구앵커에서 재인장을 위한 여유길이에 따른 영향을 보여주는 것이다. 그림에서 재인장을 위한 여유길이가 긴 경우 기초 구조물에 매입되는 깊이가 깊어지므로 이에 따른 기초 구조물의 전단저항 단면적이 감소하게 된다. 이러한 이유로 두부 노출길이가 긴 경우 구조물의 사용성에 제한을 받게 되며 가급적 재인장을 위한 여유길이가 짧은 정착구를 사용하는 것이 바람직하다.

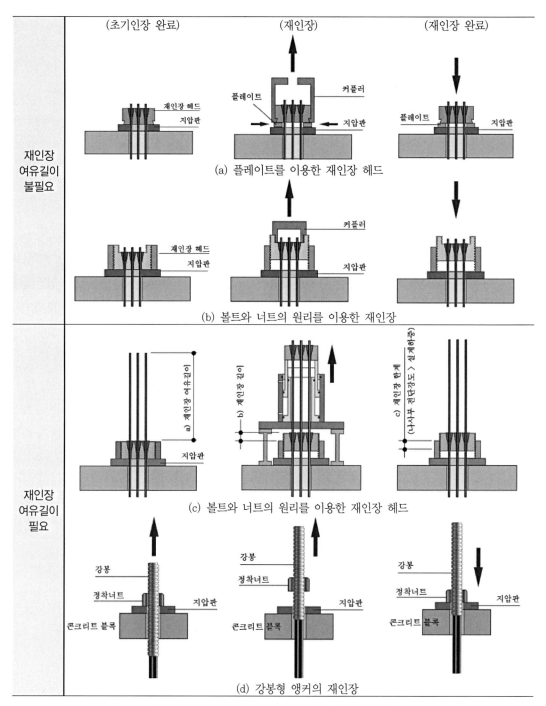

(초기인장 완료)　　　　　(재인장)　　　　　(재인장 완료)

재인장
여유길이
불필요

(a) 플레이트를 이용한 재인장 헤드

(b) 볼트와 너트의 원리를 이용한 재인장

재인장
여유길이
필요

(c) 볼트와 너트의 원리를 이용한 재인장 헤드

(d) 강봉형 앵커의 재인장

그림 3.22 재인장이 가능한 정착헤드와 재인장 원리

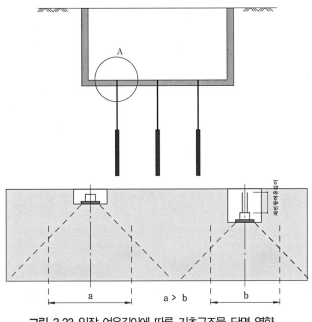

그림 3.23 인장 여유길이에 따른 기초구조물 단면 영향

3.6 초기인장력(Jacking force)

지반앵커의 설치에 있어서 초기인장력 및 정착하중(lock-off load)의 결정은 앵커의 설치목적을 달성하는 최종단계로 매우 중요하다. 설계앵커력은 앵커가 설치된 구조계의 안정해석에 의해 결정되어지는 것으로 초기인장력과는 다른 의미이다.

또한 정착하중은 초기인장력에서 인장력 도입 즉시 발생하는 정착장치의 손실이 제외된 조건으로 설계앵커력보다는 크고 초기인장력보다는 작은 하중이다.

즉, 정착하중이란 설계앵커력에 지반의 크리프, 인장재의 리렉세이션 등 장기손실이 고려된 하중으로 앵커가 설계수명 동안 설계앵커력을 확보할 수 있도록 하는 것이 앵커의 정착하중인 것이다.

일반적인 앵커 구조물에서 초기인장력은 설계앵커력에 앵커의 특성상 발생하는 응력손실이 반영되어 결정된다.

지반앵커는 지반을 대상으로 하는 공법으로 공법의 본질적인 특성에 기인하는 응력손실이 필연적으로 발생하며, 손실에 대한 보정치가 적용된 것을 초기인장력(F_j)이라 하고 현장에서의 작업은 초기인장력을 기준으로 이루어진다.

초기인장력 산정에서 고려되는 지반앵커의 응력손실은 크게 다음의 세 가지가 있다.

① 인장재의 정착과정에서 발생하는 정착장치의 슬립으로 인한 즉시손실

② 사용되는 인장재의 시간 의존적 특성인 리렉세이션에 의한 시간의존성 손실

③ 정착장과 지반의 크리프 특성에 의한 장기 응력손실

설치된 앵커에 필요한 정착하중을 정확히 도입하기 위해서는 이러한 손실에 대한 보정이 이루어져야 한다. 이외에 인장재의 마찰 등 다양한 손실요인이 있으나 지반앵커공법의 정밀도를 고려할 때 무시해도 될 정도의 값이며 초기인장력은 식 (3.3)으로 계산할 수 있다.

$$F_j = F_d + \Delta p(\Delta p_1 + \Delta p_2 + \Delta p_3) \tag{3.3}$$

여기서, F_j : 초기인장력, F_d : 설계하중

Δp_1 : 정착헤드의 정착손실(정착손실, 웨지 : $\Delta l = 6.0$mm, 너트 : $\Delta l = 2.0$mm)

Δp_2 : 인장재의 리렉세이션에 의한 손실(low relaxation strand : max. 2.5%)

Δp_3 : 지반의 크리프에 의한 장기손실(long term loss, 2~5%)

초기인장력(F_j)에 의해 정착되었을 경우, 인장 직후의 정착하중은 초기손실을 제외한 $1.05F_d$~$1.1F_d$를 유지하게 되며 5~10%의 추가하중은 인장재와 지반의 장기손실에 대응하게 된다.

지반앵커의 응력손실과 별도로 초기인장력을 결정할 때 유의할 사항은 인장재의 강도특성이다. 관련 기준에 따르면 초기인장력은 $0.80f_{us}$ 또는 $0.94f_y$ 중 작은 값 이하로 제한하고 있으며 인장재의 응력-변형률 특성과 시간경과에 따른 앵커의 보유응력 관계는 그림 3.24와 같다.

그림 3.24는 인장재의 응력-변형률 특성과 지반앵커의 각 단계별 하중의 관계를 종합적으로 설명한 것이며, 여기서 정착장치의 슬립에 의한 즉시손실(Δp_1) 식 (3.4)로 계산된다. 또한 장기손실($\Delta p_2 + \Delta p_3$)을 5%로 고려한다면 초기인장력(F_j)은 식 (3.5)를 이용하여 계산할 수 있다.

$$\Delta p_1 = \frac{\Delta l \times E_s \times n \times A_s}{L_f} \tag{3.4}$$

$$F_j = 1.05 \times (F_d + \Delta p_1) \tag{3.5}$$

여기서, A_s : 인장재 단면적, n : 인장재 가닥수, Δl : 정착장치의 슬립량

그림 3.24에서 지반앵커의 설계하중(F_d)은 ①의 한계 즉, $0.6f_{us}$를 넘지 않도록 검토되어야 하며 손실이 고려된 초기인장하중(ⓐ)은 ②를 넘지 않아야 한다.

또한 인장력 도입 직후 응력(ⓑ), 즉 즉시손실이 발생한 직후 고정하중은 ③을 넘지 않아야 하며 지반앵커 설계수명 동안의 장·단기 응력손실이 반영된 보유응력(④)은 설계하중(F_d) 이상 유지될 수 있도록 하여야 한다. 그림에서 ⑤는 지반앵커의 장.단기 응력손실과 인장력을 도입하기 위한 한계범위인 것이다.

실무에서 앵커의 설계하중에 손실을 고려하여 초기인장력을 결정할 때 간혹 초기인장력이 인장재의 허용기준을 초과하는 경우가 생기기도 하는데 이에 대한 주된 원인은 정착장치의 슬립에 의한 초기손실이 큰 경우가 대부분이다. 이때는 식 (3.4)에서와 같이 앵커의 자유장을 좀 더 길게 적용하여 정착장치의 슬립으로 인한 정착손실(Δp_1)을 줄여주는 것도 좋은 방법이다.

정착장치의 슬립에 의한 초기손실은 자유장 길이가 길어질수록 작아지기 때문이며. 이러한 이유 때문에 최소자유장 길이를 규정하는 것이기도 하다.

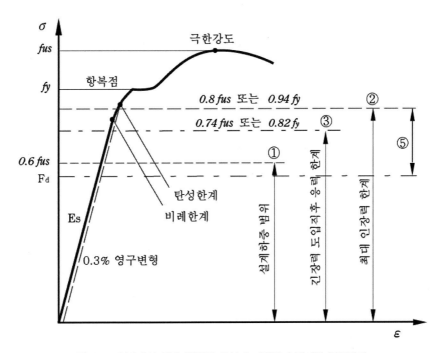

그림 3.24 인장재의 응력-변형률 특성과 지반앵커 단계별 하중관계

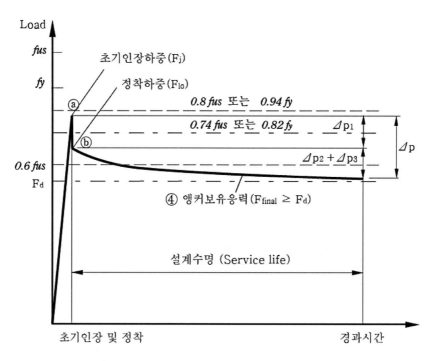

그림 3.24 인장재의 응력-변형률 특성과 지반앵커 단계별 하중관계(계속)

- 초기인장력(F_j) 계산 예
  - 검토조건

    설계 하중   : $F_d = 500\text{kN}$
    자유장 길이 : $L_f = 10.0\text{m}$
    사용 인장재 : 직경 12.7mm 스트랜드 5 가닥

  - 정착장치에 의한 손실($\Delta l \leq 6.0\text{mm}$)

$$\Delta p_1 = \frac{\Delta l \times A \times n \times E}{L_f} = \frac{6.0 \times 98.71 \times 5 \times 2.0 \times 10^5}{10.0 \times 1,000} = 59.23\text{kN}$$

  - 인장재 Relaxation 2.5%, 지반 크리프 및 장기손실 2.5%를 적용한다.

$$F_j \geq (F_d + p_1) \times 1.05 = (500 + 59.23) \times 1.05 = 587.19\text{kN} \ \Rightarrow \ F_j = 590\text{kN} \ \ 적용$$

$-\ F_j \le 0.8f_{us}$ or $0.94f_y$ 만족 여부 검토

$$0.8f_{us} = 0.8 \times 183 \times 5 = 732\text{kN} \ge F_j = 590\text{kN}$$

$$0.94f_y = 0.94 \times 156 \times 5 = 733\text{kN} \ge F_j = 590\text{kN} \quad \text{O.K}$$

$-$ 정착하중(lock$-$off load) 검토

$$F_{l.o} = 590 - 59.23 = 530.77 \ge 500\text{kN} \quad \text{O.K}$$

$-$ 인장력 도입직후 인장재 보유응력 검토

$$0.74f_{us} = 0.74 \times 183 \times 5 = 677.10\text{kN} \ge F_{lo} = 530.77\text{kN}$$

$$0.82f_y = 0.82 \times 156 \times 5 = 639.60\text{kN} \ge F_{lo} = 530.77\text{kN} \quad \text{O.K}$$

3.7 지반앵커의 늘음량(Elongation)

　지반앵커의 인장작업에서 도입되는 인장력에 대한 인장재의 늘음량은 필수적으로 발생한다. 지반앵커의 늘음량을 이해하기 위해서는 우선 하중$-$변위 관계를 이해하여야 한다.

　실제 앵커의 인장작업 단계에서 재하되는 하중은 인장재의 탄성범위에서 재하되고 그림 3.25와 같은 하중$-$변위 곡선이 얻어진다.

　지반앵커의 인장작업에서 얻어지는 하중$-$변위 곡선은 탄성거동 곡선으로 설치된 앵커의 적합성을 판단할 수 있는 가장 확실한 자료이며 또한 유일한 자료이기도 하다.

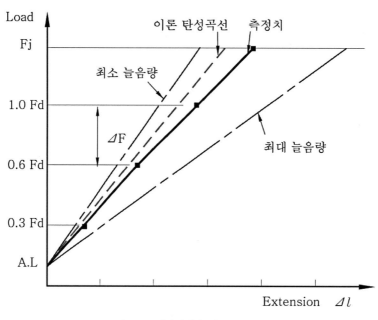

그림 3.25 지반앵커의 하중-변위곡선

지반앵커에서 인장재의 탄성변위량(Δl_e)은 식 (3.6)으로 계산할 수 있으며, 또한 현장에서 측정된 하중-변위 곡선을 이용하여 설치된 앵커의 유효 자유장(L_{ef})은 식 (3.7)로 계산하여 앵커의 적정성을 판단할 수 있다.

일반적으로 지반앵커에서 늘음량에 대한 관리기준은 ±10%의 범위에서 오차를 허용하며 확인된 유효 자유장은 그 범위를 만족하여야 한다.

$$\Delta l_e = \frac{F_j L_f}{E_s A_s} \qquad\qquad (3.6)$$

$$L_{ef} = \frac{\Delta l_j A_s E_s}{F_j - F_{a.l}} \qquad\qquad (3.7)$$

여기서, F_j : 초기인장력, $F_{a.l}$: 초기 정렬하중(F_d의 5~10%)

L_f : 앵커자유장, L_b : 앵커정착장, E_s : 인장재 탄성계수

A_s : 인장재 단면적, L_{ef} : 유효 자유장, Δl_j : 초기인장력에 대응하는 늘음량

설치된 앵커의 실제 유효 자유장은 적합성시험 결과와 현장에서 얻어진 하중–늘음량 관계 곡선에서 소성변위를 제외한 실제 탄성변위를 이용하여 구할 수 있다.

3.7.1 마찰형(인장형) 앵커의 늘음량

마찰형 앵커는 하중 재하 시 그림 3.26과 같이 정착장 최상단에 하중작용점이 형성되며, 정착장의 정착거동은 정착장을 잡아당기는 형태로 작용되므로 인장재 변형에 따른 그라우트의 인장균열이 발생한다. 이러한 인장균열의 영향으로 앵커 정착장에서 일부 진행성파괴가 발생하며 점진적으로 지반의 전단응력이 정착장 하부로 전이된다.

이러한 영향을 고려한 최대늘음량 한계치($\Delta l_{\max.}$)는 자유장 길이에 정착장 길이의 50%를 더한 인장길이에 해당하는 늘음량을 넘지 않도록 규정하고 있다.

즉, 마찰형 앵커의 늘음량을 계산할 때 적용되는 자유장 길이는 시공오차 10%를 고려하면 최소자유장 길이는 $L_{f\min.} = 0.9 L_f$ 최대자유장 길이는 $L_{f\max.} = L_f + 0.5 L_b$이 되며, 마찰형 앵커의 늘음량 관리기준은 식 (3.8)로 계산할 수 있다.

1) 마찰형 앵커의 늘음량 관리기준

$$\frac{(F_j - F_{a.l})0.9L_f}{E_s A_s} \le \Delta l_j \le \frac{(F_j - F_{a.l})\left(L_f + \dfrac{L_b}{2}\right)}{E_s A_s} \tag{3.8}$$

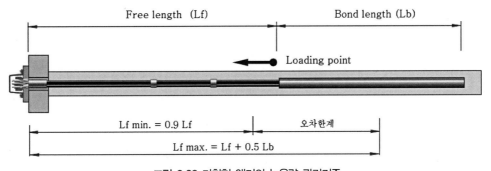

그림 3.26 마찰형 앵커의 늘음량 관리기준

2) 늘음량 측정결과의 판정

- $\Delta l_j \leq \dfrac{(F_j - F_{a.l})0.9 L_f}{E_s A_s}$ 의 경우

  시공된 앵커의 자유장이 설계길이 이하로 시공된 것으로 확인된 늘음량에 의해 계산된 유효 자유
  장이 반영된 지반앵커의 내적 안정성 검토가 필요하다.

- $\Delta l_j \geq \dfrac{(F_j - F_{a.l})\left(L_f + \dfrac{L_b}{2}\right)}{E_s A_s}$ 의 경우

  시공된 앵커 정착장의 50% 이상 파괴가 진행된 경우로 본질적으로는 앵커의 기능을 상실한 것이다.
  공학적으로 설계앵커력의 발휘가 불가능한 경우이며 정착장 지반의 전단응력분포가 그림 3.27
  ①에서 ②와 같이 전이된 경우로 재인장 등이 이루어져도 설계 앵커력을 기대하기 어렵다.
  원인은 그라우트의 강도가 부족한 경우 또는 정착지반이 연약한 경우가 대부분이며 재시공 등의
  보완이 필요하다.

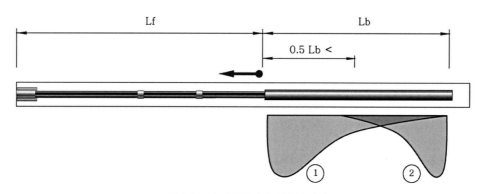

그림 3.27 마찰형 앵커의 진행성 파괴

3.7.2 압축형 앵커의 늘음량

압축형 앵커는 하중 재하 시 그림 3.28과 같이 정착장 최 하단에 하중작용점이 형성된다. 즉,
지반앵커 전체의 길이가 자유장 역할을 하는 것이다.

압축형 앵커에서의 정착거동은 정착장을 형성하는 그라우트가 압축응력을 받도록 작용하므로
인장재 변형에 따른 그라우트의 인장균열은 발생하지 않는다. 그러나 압축형 앵커의 정착거동은

그라우트 압축강도에 지배되며 이때 늘음량 관리기준은 시공오차 등을 고려하여 오차범위를 ±10%로 규정하고 있으며 식 (3.9)를 이용하여 계산할 수 있다.

특히 압축형 앵커에서 측정된 늘음량이 관리기준 +10%를 초과한 경우는 정착장을 형성하고 있는 그라우트의 압축파괴가 일어난 것으로 주의하여야 한다.

1) 늘음량 관리기준

$$\frac{(F_j - F_{a.l})0.9(L_f + L_b)}{E_s A_s} \leq \Delta l_j \leq \frac{(F_j - F_{a.l})1.1(L_f + L_b)}{E_s A_s} \tag{3.9}$$

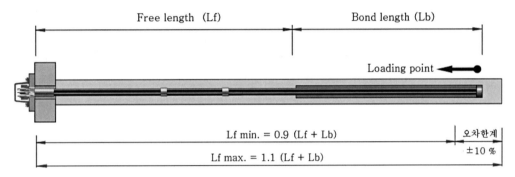

그림 3.28 압축형 앵커의 늘음량 관리기준

2) 늘음량 측정결과의 판정

• $\Delta l_j \leq \dfrac{(F_j - F_{a.l})0.9(L_f + L_b)}{E_s A_s}$ 의 경우

시공된 앵커의 자유장이 설계길이 이하로 시공된 것으로 확인된 늘음량에 의해 계산된 유효 자유장의 길이를 적용한 지반앵커의 내적 안정성 검토가 필요하다.

• $\Delta l_j \geq \dfrac{(F_j - F_{a.l})1.1(L_f + L_b)}{E_s A_s}$ 의 경우

압축형 앵커의 정착장을 구성하는 그라우트에 취성파괴가 발생한 것으로 본질적으로는 앵커의 기능을 상실한 것으로 재시공 등의 보완이 필요하다.

3.7.3 지압형 앵커의 늘음량

지압형 앵커는 인장형 앵커, 압축형 앵커와는 다르게 정착지반의 지압강도를 이용하여 정착능력을 확보하게 된다. 지압형 앵커에 하중 재하 시 정착장을 구성하는 정착체에 의해 정착지반에 압축응력이 발생한다. 이때 정착지반의 지압강도와 신선도가 앵커의 정착거동을 지배한다.

지압형 앵커에서의 늘음량은 시공오차 등을 고려하여 오차범위를 ±10%로 규정하고 있으며 지압형 앵커의 늘음량 관리기준은 식 (3.10)으로 계산된다.

1) 지압형 앵커의 늘음량 관리기준

$$\frac{(F_j - F_{a.l})0.9(L_f + L_b)}{E_s A_s} \le \triangle l_j \le \frac{(F_j - F_{a.l})1.1(L_f + L_b)}{E_s A_s} \tag{3.10}$$

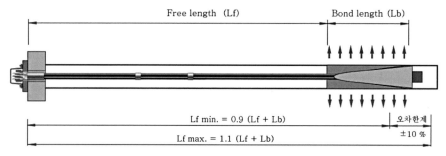

그림 3.29 지압형 앵커의 늘음량 관리기준

2) 늘음량 측정결과의 판정

• $\triangle l_j \le \dfrac{(F_j - F_{a.l})0.9(L_f + L_b)}{E_s A_s}$ 의 경우

시공된 앵커 자유장이 설계길이 이하로 시공된 것으로 확인된 늘음량에 의해 계산된 유효 자유장의 길이를 적용한 지반앵커의 내적 안정성 검토가 필요하다.

• $\triangle l_j \ge \dfrac{(F_j - F_{a.l})1.1(L_f + L_b)}{E_s A_s}$ 의 경우

지압형 앵커의 정착장을 형성하는 대상지반의 취성파괴가 발생하여 앵커의 기능을 상실한 것으로 재시공 등의 보완이 필요하다.

3.7.4 복합형 앵커의 늘음량

복합형 앵커는 인장형 앵커, 압축형 앵커의 단점을 보완하기 위해 개발된 앵커로 앵커 인장하중에 의해 지반에 발생하는 전단응력을 최소화하고 지반의 정착효율을 극대화하기 위해 최근에 많이 쓰이고 있다.

복합형 앵커는 하중 재하 시 그림 3.30과 같이 정착장 전체에 균등하게 하중작용점이 형성된다. 정착장의 정착거동은 정착장을 형성하는 그라우트에 압축력이 작용토록 작용하므로 인장재 변형에 따른 그라우트의 인장균열이 없으며 하중작용점을 정착장 전체에 균등하게 분포시키므로 압축형 앵커에 비해 지반이 부담하는 전단응력도 최소가 된다. 또한 압축형 앵커의 정착거동이 그라우트 압축강도에 지배되는 것에 비하여 복합형 앵커는 정착장을 구성하는 그라우트의 압축강도를 효율적으로 활용한다는 장점이 있다. 복합형 앵커의 늘음량 관리기준 역시 압축형 앵커의 기본원리에 따르며, 이때 늘음량 관리기준은 시공오차 등을 고려하여 오차범위를 ±10% 규정하고 있으나 인장재의 길이가 각각 상이하다는 차이점이 있다.

복합형 앵커의 늘음량 관리기준은 식 (3.11)을 따르며 이때 자유길이는 정착체의 배열을 고려하여 결정되어야 한다.

1) 복합형 앵커의 늘음량 관리기준

$$\frac{(F_j - F_{a.l})0.9(L_{f\min.})}{E_s A_s} \leq \Delta l_j \leq \frac{(F_j - F_{a.l})1.1(L_{f\max.})}{E_s A_s} \tag{3.11}$$

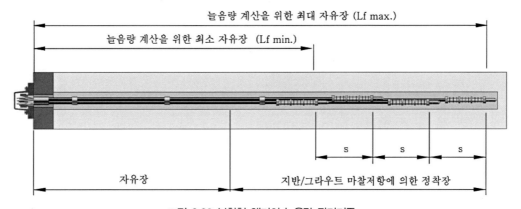

그림 3.30 복합형 앵커의 늘음량 관리기준

2) 늘음량 측정결과의 판정

- $\Delta l_j \leq \dfrac{(F_j - F_{a.l})0.9(L_{f\min.})}{E_s A_s}$ 의 경우

  시공된 앵커 자유장이 설계길이 이하로 시공된 경우로 내적 안정 검토가 필요하다.

- $\Delta l_j \geq \dfrac{(F_j - F_{a.l})1.1(L_{f\max.})}{E_s A_s}$ 의 경우

  정착장부 그라우트의 취성파괴가 발생하여 앵커의 기능을 상실한 것으로 재시공 등의 보완이
  필요하다.

3.7.5 스트랜드와 강봉이 연결된 구조의 앵커

지반앵커의 재인장이 용이하도록 자유장 부분은 스트랜드, 정착구 체결부분은 강봉 형태로 구성
된 앵커를 사용하는 경우가 있다. 이러한 유형의 앵커는 정착구 체결 부분을 구성하는 강봉의 제원
에 따라 적용할 수 있는 앵커의 하중과 길이에 제한을 받게 된다. 그림 3.31은 스트랜드와 강봉이
연결된 앵커의 구성을 보여주는 것이다.

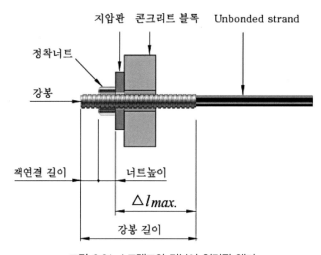

그림 3.31 스트랜드와 강봉이 연결된 앵커

이러한 경우 설계자는 초기인장력 대비 인장재의 늘음량을 검토하여 정착구 체결 부분의 정착이 가능한 강봉의 제원을 비교하고 초기인장력에 대응하는 늘음량에 대한 강봉의 제원이 타당한가를 검토하여야 한다.

그림 3.32에서 강봉의 길이에서 인장잭 연결길이, 정착너트 높이를 제외한 잔여길이($\Delta l_{\max.}$)가 계산된 늘음량(Δl)보다 충분히 커야 하고 $\Delta l_{\max.} \geq \Delta l_j$을 만족해야 하며 앵커 설치과정에서의 시공오차를 고려한 한계치가 제시되어야 한다.

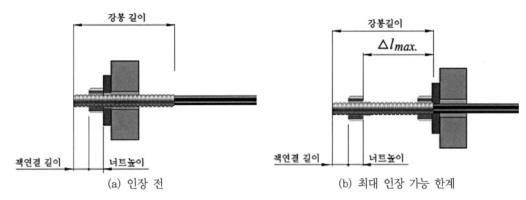

(a) 인장 전   (b) 최대 인장 가능 한계

그림 3.32 스트랜드와 강봉이 연결된 앵커의 늘음량 한계길이

지반앵커에서 인장작업은 하중을 재하하기 위한 필수과정이며 이 과정에서 인장재의 늘음량이 발생하고, 이때 늘음량은 앵커의 길이와 인장재 제원, 하중 관계에 의해 결정된다. 인장재와 강봉이 연결된 구조의 지반앵커는 하부만손＋인장재＋상부만손의 3부분으로 구성되며 상부만손(그림 3.31의 강봉길이) 구간은 가공된 나사와 정착너트를 이용하여 고정되는 방식이다. 따라서 인장작업은 상부만손의 제원에 따라 결정되며 최대 늘음량은 상부만손의 제원에 의해 제한받는다.

예를 들어 앵커의 규격이 표 3.18과 같이 주어진다면 압축형 앵커의 상부만손 제원에 따른 허용 최대늘음량 및 적용 가능한 앵커의 최대길이를 계산할 수 있다.

즉, 압축형 앵커에서의 최대늘음량($\Delta l_{j\max.}$)은 식 (3.12)를 이용하여 계산할 수 있다.

표 3.18 늘음량을 계산하기 위한 앵커제원

구분	A	B	C	비고
단면적(mm²)	138.7	277.1	383.9	
극한하중(ton)	26.61	51.03	72.80	
허용하중(ton)	15.96	30.61	43.68	
시험하중(ton)	20.75	39.79	56.78	설계하중×1.3
상부만손 길이(mm)	270	295	320	
인장 필요 길이(mm)	168	190	190	시공오차 100mm 적용
잔여 상부만손 길이(mm)	102	105	130	

$$\Delta l_{j\max.} \leq \frac{(F_j - F_{a.l})1.1(L_f + L_b)}{E_s A_s} \tag{3.12}$$

여기서, E_s : 인장재의 탄성계수, A_s : 인장재 단면적, L_b : 정착장,

        L_f : 자유장, F_j : 인장하중, $F_{a.l}$: 초기정렬하중

이때 최대늘음량을 기준으로 적용 가능한 앵커의 최대길이(L_t)는 식 (3.13)으로 계산된다.

$$L_t = \frac{\Delta l_{j\max.} \times E_s \times A_s}{1.1 \times F_j} \tag{3.13}$$

표 3.18의 앵커제원을 적용하여 현장에서의 적용 가능 앵커의 최대길이를 계산하면,

- A type 앵커

$$L_t = \frac{\Delta l_{j\max.} \times E_s \times A_s}{1.1 \times F_j} = \frac{102 \times 2.0 \times 10^4 \times 138.7}{1.1 \times 20.75 \times 1,000} = 12.40\text{m}$$

- B type 앵커

$$L_t = \frac{\Delta l_{j\max.} \times E_s \times A_s}{1.1 \times F_j} = \frac{105 \times 2.0 \times 10^4 \times 277.1}{1.1 \times 39.79 \times 1,000} = 13.30\text{m}$$

- C type 앵커

$$L_t = \frac{\Delta l_{j\max.} \times E_s \times A_s}{1.1 \times F_j} = \frac{130 \times 2.0 \times 10^4 \times 383.9}{1.1 \times 56.78 \times 1,000} = 15.98\text{m}$$

즉, 계산결과에 따르면 표 3.18의 제원을 기준으로 할 때 실제 적용할 수 있는 앵커의 최대길이는 다음과 같다.

하중 조건	적용 가능 최대길이($L_{t\max.}$)			비고
	A	B	C	
시험하중적용	12.4m	13.3m	16.0m	토공 및 시공오차 10cm

결과를 정리하면, B type 앵커의 경우 최대인장하중은 39.79ton이며(허용하중의 130%) 상부만숀의 인장 가능 길이는 상부만숀 전체 길이(295mm)에서 고정너트 길이(45mm)와 인장기와 연결하기 위한 최소길이(45mm)를 제외하면 인장작업에 의해 늘어날 수 있는 최대 여유길이는 205mm [295−(45+45)=205mm]이다.

이때 토공면 정리 및 앵커의 시공오차를 10cm로 고려한다면 상부만숀이 실제 늘어날 수 있는 최대길이는 105mm이며, 이때 하중과 늘음량 관계에 따른 앵커의 적용 가능길이를 역산하면 13.30m 이내로 제한된다. 즉, 앵커길이가 13.3m 이상이 될 경우 늘음량이 상부 만숀의 허용길이를 초과하여 너트의 정착이 불가능해지므로 앵커의 설치목적을 달성하기 어려울 수 있다.

또한 앵커 길이를 13.3m 이상 적용할 경우 현장 법면의 시공오차 및 앵커 설치오차를 10cm 이내로 제한하여야 하며 또한 상부만숀의 여유길이 부족으로 추후 재인장이 불가능해질 수 있다는 문제가 발생할 수 있다.

사진 3.2는 인장재와 강봉이 연결된 앵커, 혹은 강봉형 앵커의 가장 흔한 실패사례로 현장기술자 누구도 인지하지 못했을 것으로 판단된다. 얼핏 보기에 보호캡이 유실된 앵커로만 보일 수 있으나 사진으로 보이는 정착형태는 두 가지 모순을 내포하고 있다. 첫 번째는 인장재와 인장 잭을 연결할 수 있는 길이가 확보되지 않아 보인다는 것이며, 두 번째는 인장하중에 대한 늘음량이 보이지 않는다는 것이다. 이러한 현상은 현장에서의 시공오차가 허용치를 넘어 인장작업이 불가능한 상황이었음을 보여주는 것이다.

사진 3.2 강봉형 앵커의 부적절한 시공사례

이처럼 강봉형 앵커 또는 정착부분이 강봉형으로 구성된 앵커의 적용에 있어서 현장에서의 시공오차와 앵커제원에 따른 적용 가능한 앵커 최대길이는 반드시 검토되어야 하며 또한 현장에서의 시공관리기준 및 시공오차 관리에 유의하여야 앵커의 설치목적을 달성할 수 있다.

3.8 앵커의 배치계획

지반앵커가 적용되는 구조물에서 앵커의 평면 및 단면계획은 앵커가 설치되는 구조물의 안정성은 물론 지반앵커의 안정성 측면도 고려되어 효과적으로 계획되어야 한다.

보통 설계자가 토류구조물이나 사면보강 등에서 지반앵커를 적용할 때 지반앵커의 안정성 등은 전혀 고려하지 않고 습관적으로 적용하는 경향이 있다. 그림 3.33은 토류 구조물에서 작은 노력으로 지반앵커의 안정성을 증대시킬 수 있는 방법들이다.

그림 3.33에서와 같이 지반앵커의 정착장 위치를 조금만 바꿔주더라도 군효과 및 인접 앵커의 영향을 최소화할 수 있으며 앵커로 인한 지반 내 응력이 집중되는 면적을 증가시켜 지반앵커의 안정성 측면에서 유리하게 작용할 것이다.

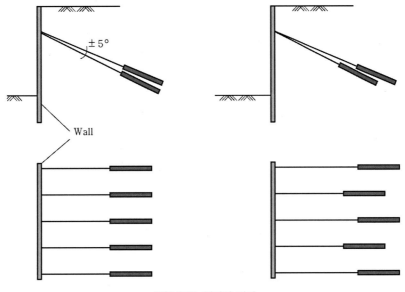

그림 3.33 앵커의 배치

    그림 3.34는 토류구조물 설계에서 많이 고민하게 되는 우각부 앵커 배치의 예를 보여주는 것으로 현장여건 등을 고려하여 적절하게 계획되어야 할 것이다. 그림 3.34에서 ⓐ와 같이 우각부의 끝부분에 설치되는 앵커는 보수적으로 접근할 필요가 있으며 다른 앵커보다 자유장을 좀 더 길게 설치하는 것이 바람직하다.

    또한 우각부에 ⓑ처럼 앵커가 교차되어 설치되는 경우에는 시공과정에서 세심한 주의가 필요하며 교차되는 앵커가 모두 설치되고 그라우트 작업이 완료되어 충분히 양생된 후 인장작업이 이루어질 수 있도록 하여야 한다.

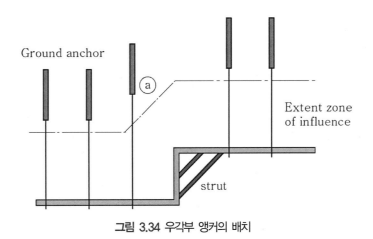

그림 3.34 우각부 앵커의 배치

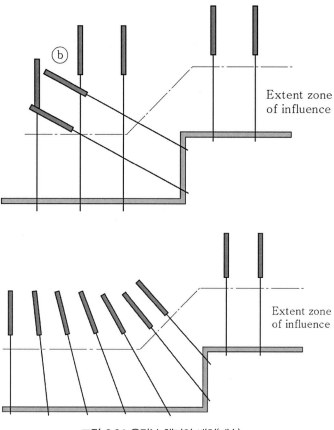

그림 3.34 우각부 앵커의 배치(계속)

그림 3.35는 사면보강에 적용된 앵커 배치의 경우이다. 그림에서 설계자는 습관적으로 (a)와 같이 계획하는 경향이 있는데, 지반앵커의 안정성 측면에서는 (b) 또는 (c)의 경우도 고려해볼 필요가 있다. (b)와 (c)의 경우는 (a)의 경우보다 앵커 설치 간격이 멀어지게 되어 앵커의 안정성 측면에서는 유리하게 작용하는 것이다.

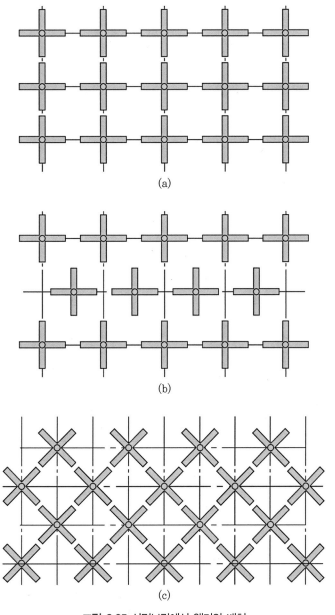

(a)

(b)

(c)

그림 3.35 사면보강에서 앵커의 배치

3.9 지반앵커 설계자가 제시해야 할 결과물

　지반앵커공법의 실패사례를 보면 대부분 설계단계에서의 검토 부족과 현장 지반조건의 변화에 따른 대응 부족으로 인한 경우이며, 보통 현장의 지반조건이 설계조건과 다르다는 이유로 단순히 설계 변경되고 현장 내에서 앵커의 길이를 연장하는 등의 조치로 마무리되는 것이 대부분의 현실이다.

　지반앵커는 유형에 따라 장단점이 분명히 있음에도 지반조건 및 현장의 시공성, 주변여건 등이 충분히 고려되지 않고 적정한 공법 선정이 이루어지지 않아 불필요한 시간과 비용을 낭비하게 되는 것이다.

　물론 국내의 현실을 고려하면 명확하게 설계자의 잘못이라고 할 수는 없지만 지반앵커의 설계자 입장에서 최소한 3.2~3.8항에 따른 검토결과를 설계도서에 제시하여야 한다.

　즉, ① 앵커의 설계하중, ② 대상지반의 정보, ③ 인장재의 규격 및 수량, ④ 정착장 길이, ⑤ 자유장 길이, ⑥ 앵커블록 및 지압판 규격, ⑦ 앵커헤드 및 보호캡 규격, ⑧ 그라우트 압축강도 기준, ⑨ 초기인장력, ⑩ 늘음량 관리기준 등 10가지 결과와 설계근거는 설계자가 제시하여야 할 필수사항이며 상기의 10가지 항목에 대하여 충분히 검토되고 그 결과가 제시된다면 지반앵커의 실패사례 및 현장에서 불필요한 설계변경은 많이 줄어들 수 있을 것이다.

표 3.19 앵커 제원표 예

F_w(kN)	정착지반	Strand	L_b(m)	L_f(m)	L_o(m)	L_t(m)	지압판(mm)	
400	풍화암	0.5~4	4.5	7	1.5	13.0	240×240×32	
F_j(kN)	$\Delta l_{max.}$(mm)		$\Delta l_{min.}$(mm)		그라우트 강도(N/mm²)		앵커헤드	비고
450	25		12		24		재인장형	

CHAPTER 04 인장 및 정착

CHAPTER 04 인장 및 정착

4.1 일반사항

지반앵커에서 인장작업은 지반앵커의 설치목적을 달성하는 단계로 목적하는 구조체에 하중을 직접 재하하는 과정으로, 인장에서 중요한 것은 정확한 목표하중 도입과 안전이다. 먼저 정확한 목표하중을 도입하기 위해서는 3.6절에서 언급한 설계하중과 초기인장력 관계, 정착하중의 의미를 정확하게 이해하여야 한다.

3.6절에서 언급한 바와 같이 앵커의 정착과정에서 공법의 특성에 기인하는 손실이 필연적으로 발생하고 이에 따른 정확한 보정이 이루어져야 한다. 또한 인장작업에서 고려될 수 있는 또 다른 오차는 지압판, 앵커헤드, 콘크리트 블록 등 정착과정에서 정착구를 구성하는 요소의 세팅 과정에서 나타나는 오차이다. 이러한 오차는 초기 정열하중(alinement load) 단계에서 보정될 수 있으나 보통 현장에서는 이러한 초기정열의 과정이 무시되고 있는 실정이다.

또 다른 원인은 장비의 제원 및 검·교정에 관한 것이다. 현장에서 종종 인장잭의 제원이 잘못 적용돼 하중도입에 착오를 일으키는 경우가 발생하고 특히 인장잭 제원에 의한 유압게이지의 압력 값은 인장잭 단면적과 관계가 있으며 세심하게 검토되어야 할 사항이다. 이러한 착오를 줄이기 위해서는 인장작업 전 3.7절에 설명한 앵커의 예상 늘음량을 확인하는 것도 좋은 방법이다.

보통 정상적으로 시공된 앵커는 예상 늘음량의 범위를 크게 벗어나지 않는다. 현장에서 인장작업 중 측정된 늘음량이 예상 늘음량과 큰 차이를 보인다면 먼저 장비의 제원과 적용하중의 압력단위 환산이 적절한가를 확인하여야 할 것이다.

장비의 검·교정에서 중요한 것은 유압게이지의 검·교정이다. 보통 유압잭과 유압펌프는 1년의 주기로 검·교정하는 것이 바람직하지만 제대로 이루어지지 않고 있는 것이 현실이다. 유압잭과 유압펌프의 검·교정은 하중 재하단계에서 누유를 확인하는 것으로 현장에서 육안에 의해서도 확인되는 사항이며 작업 가능성 여부와 관계되는 것이다. 유압잭과 유압펌프의 품질에 문제가 있다면 정상적인 인장작업이 이루어지기 어려울 것이며 간혹 유압펌프의 용량 부족으로 목표하중을 도입할 수 없는 경우가 생기기도 한다. 그러나 유압게이지의 검·교정은 목표하중을 정확하게 도입하기 위한 필수사항으로 유압게이지의 오차는 곧 도입하중의 오차로 나타나게 된다.

인장작업에서 품질 외에 또 하나의 중요한 사항은 안전에 관한 것이다. 앵커에서 인장작업이란 인장재에 고하중이 재하되는 단계로 간혹 잘못 시공된 앵커의 경우 인장작업 중에 인장재가 파단에 이르는 경우도 종종 발생한다. 인장작업 중 인장재가 파단되는 경우, 인장재는 강하게 튀어나가는 현상을 보이며 이때 인장재가 보유한 힘은 살상이 가능할 정도의 아주 큰 힘이다. 이러한 이유로 지반앵커의 인장작업에서 작업자는 앵커의 축 방향에 위치하지 않도록 주의해야 하며 인장작업을 위한 필수인원 외에는 주변에 머물지 않도록 해야 한다.

특히 제거식 앵커는 향후 인장재 제거를 위해 인장재를 해체할 수 있는 구조로 되어 있기 때문에 해체장치가 불량일 경우 이런 현상이 자주 나타나므로 더욱 주의하여야 한다.

4.2 인장작업

지반앵커의 인장작업은 그라우트의 강도특성을 확인하여 설계자가 제시한 그라우트의 설계기준 강도 이상이 확인되어야 하고, 또한 지압판, 정착구 등의 규격, 장비의 제원 및 검·교정 여부 등을 확인한 후 진행되어야 한다.

인장작업에서 하중재하는 보통 3~5단계로 재하하게 되는데, 단계하중을 재하하는 이유는 각 하중재하 단계에서 정착장의 응력전이현상 및 소성변위를 발생시켜 목표하중 도입 후 하중손실이 최소가 되도록 하려는 것과 각 하중단계에서 앵커의 적합여부를 확인하기 위한 것이다.

보통 인장작업에서 하중의 재하는 유압펌프와 유압잭을 이용하는데 이때 작용하중은 유압펌프에 부착된 유압 게이지를 이용해서 확인하게 된다. 필요한 경우 로드셀을 설치하여 작용하중을 확인하기도 하는데 경험에 의하면 로드셀과 유압게이지로 읽혀진 값은 약 3~7% 정도의 오차가 생긴다.

이러한 오차는 로드셀의 정밀도 및 유압장비의 손실률에 기인하는 것으로 앞으로 해결되어야 할 과제이며 이러한 오차를 최소화하기 위해서는 로드셀의 규격이 앵커의 설계하중에 적합한 것을 사용하도록 하고 한 번 사용한 로드셀은 반드시 검·교정 받은 후 재사용하여야 한다(예를 들면, 400kN 규격의 앵커에 1,000kN 규격의 로드셀을 적용하는 경우 오차가 더욱 커진다).

또한 유압 호스에서의 손실을 줄이기 위해서 유압잭과 유압펌프의 거리를 5.0m 이내로 가깝게 두어 유압호스 길이가 가급적 짧아지도록 하면 오차를 최소화할 수 있다.

사진 4.1 인장작업

사진 4.2 인장잭과 유압펌프

지반앵커의 인장작업에서 반드시 확인되어야 하는 사항은 각 하중단계에서의 늘음량이다. 임의 하중단계에서 확인된 늘음량이 예상 늘음량과 큰 차이를 보인다면 작업을 중지하고 원인을 파악하여야 한다.

인장작업에서 얻어지는 하중-늘음량 관계는 설치된 앵커의 적합성을 판단할 수 있고 또한 실제 정착장의 상태를 추정할 수 있는 자료가 된다.

인장작업 완료 후 인장재의 절단 및 정착구의 보호를 위해서 보호캡을 설치하게 되는데 인장재의 절단은 보통 2.0cm 이상 확보하여야 하며 보호캡 설치 시 충분한 강도 및 수밀성을 확보할 수 있도록 하여 보호캡의 설치목적을 달성할 수 있어야 한다.

보호캡에 대한 품질기준은 명확히 정의하기 어려우나 앵커 두부의 노출여부, 앵커의 사용수명 등 설계자가 고려하여야 할 사항이며 사진 4.3(a)는 비교적 양호하게 설치된 보호캡 모습, (b)는 보호캡이 유실되어 앵커 정착구가 훼손된 사례이다.

(a) 비교적 양호하게 설치된 보호캡

(b) 보호캡 유실에 의한 정착구 훼손

사진 4.3 보호캡 설치모습

4.3 인장작업 시 유의사항

1) 정착장치의 슬립(Wedge draw-in)

지반앵커의 인장에 있어서 대부분은 인장재를 웨지를 이용하여 정착토록 되어 있다. 이유는 지반 앵커 인장재의 대부분이 7연선 스트랜드를 사용하는 데 있으며 시공성 및 경제성이 좋다는 것이다.

웨지를 이용한 정착에서 웨지의 슬립에 의한 정착손실을 줄인다는 이유로 웨지를 강제로 압입하여 정착시키는 사례가 있는데 이는 대단히 위험한 발상이다.

지반앵커의 인장과정 중에 웨지를 인위적으로 압입하여 정착하게 되면 이때 웨지에 가공되어 있는 이빨로 인하여 인장재의 단면이 훼손되거나 웨지에 가공된 이빨이 훼손될 수 있다. 인장재를 고정하기 위한 웨지는 표면 열처리된 것으로 충격 등에 비교적 약한 특성을 나타낸다. 인장재와 웨지의 이러한 정착특성 때문에 재인장할 경우에도 한 번 정착된 웨지는 풀지 않도록 하고 있다.

인장과정에서 웨지를 인위적으로 압입하거나 또는 고정된 웨지를 풀어 재정착시켰을 경우 웨지에 가공된 이빨의 훼손으로 인장재를 충분히 고정하지 못해 정착 후에 인장재가 미끄러져 들어가는 현상이 발생하여 앵커의 보유응력을 상실하게 된다.

사진 4.4 웨지 훼손과 웨지 탈락

사진 4.4는 웨지에 가공된 이빨이 훼손된 모습과 이로 인해 인장재가 미끄러져 들어가고 웨지 및 정착헤드, 브라켓이 탈락된 모습이다.

이러한 문제를 방지하기 그림 4.1과 같이 웨지정착 여유고를 두어 인장재가 인장력을 받아 늘음이 발생할 때 웨지가 그림 4.1 ①과 같이 자연스럽게 이동하여 인장재가 훼손되지 않도록 하며 인장 잭의 압력을 풀어 앵커에 하중을 정착시킬 때 ②와 같이 거동하여 웨지가 자연스럽게 정착되어야 한다. 인장재의 정착과정에서 웨지가 인장재의 단면을 훼손하지 않고 자연스럽게 정착할 수 있는 웨지정착(wedge draw-in) 여유고는 6.0mm이며 이는 웨지의 단면형상에 의해 결정된 것이다.

또한 지반앵커 초기인장력 계산에서 반영되는 웨지정착에 의한 손실은 정착 즉시손실로 계산 결과와 거의 일치하며 충분히 신뢰할 수 있다.

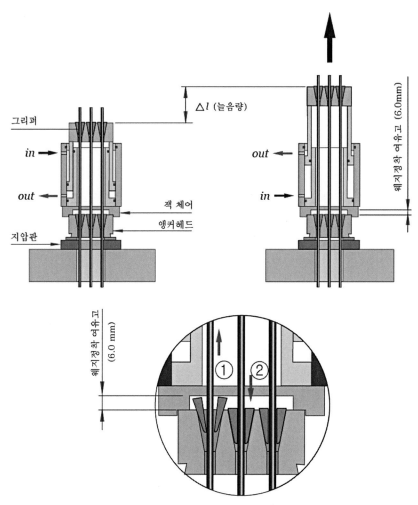

그림 4.1 인장작업에서 늘음량 측정 및 웨지의 정착

2) 앵커의 설치각도 및 정착

앵커에 가해지는 힘의 작용방향은 앵커의 축 방향과 일치시키는 것이 가장 유리하지만 앵커를 설치하는 지반 혹은 앵커로 지지되는 구조물의 형상 및 설치위치 등 시공여건에 따라 정확히 일치시키는 것은 쉽지 않다. 또한 앵커의 경사, 즉 앵커의 수평각이 커질 경우 앵커분력이 발생하기 때문에 분력에 대한 검토도 필요하다. 따라서 앵커를 계획할 때 설치각도는 단지 역학적 측면만을 고려할 것이 아니라 현장조건, 인접지반의 지하 매설물 현황 등 다양한 조건을 고려하여 결정해야 한다.

앵커의 설치각도는 일반적으로 30~45°의 조건을 만족하도록 설계하며 부득이한 사유로 앵커의 경사를 −5~ +5°의 범위로 하면 시공과정에서 그라우트의 주입성, 경화에 따라 발생하는 잔류 슬라임 및 블리딩이 앵커 정착력에 크게 영향이 미칠 가능성이 있으므로 가급적 이 범위는 피해야 한다. 또한 앵커의 정착에서 직진성에 대한 오차가 중요하다. 비교적 휨성이 좋은 스트랜드를 사용하는 앵커와 강봉을 사용하는 앵커는 허용오차에 대한 기준이 다르며 일반적으로 허용되는 오차 기준은 그림 4.2와 같다. 특히 그림 4.2(c)와 같이 웨지 정착 오차가 5.0mm를 초과하는 경우는 인장재가 정상적으로 정착되지 않은 것으로 주의하여야 한다.

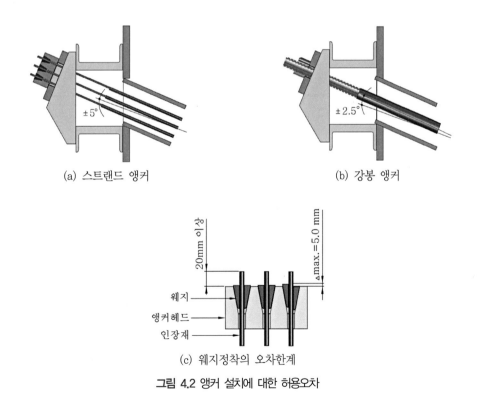

(a) 스트랜드 앵커   (b) 강봉 앵커

(c) 웨지정착의 오차한계

그림 4.2 앵커 설치에 대한 허용오차

4.4 인장결과 해석에 영향을 미치는 요인

지반앵커의 인장과정에서 하중－변위 관계는 설치된 앵커와 관련된 여러 가지 평가요인에 대한 다양한 오차를 내포하게 된다. 이러한 이유로 현장에서의 하중－변위곡선은 오차에 대한 보정이 이루어져야 하며 보정된 하중－변위 곡선의 중요한 특징은 선형 또는 비선형 특성이 고려되지 않은 탄성거동 곡선으로 표현된다.

인장과정에서 얻어진 데이터가 비교적 일정한 편차를 보인다면 앵커의 정착장에 대한거동을 비교적 쉽게 설명할 수 있다.

정착지반이 비교적 양호한 경우이면 그라우트의 강도 부족에 의한 인장재-그라우트의 재부착 현상으로 추정할 수 있으며 정착지반이 불리한 경우, 즉 지반과 그라우트의 탄성계수 비가 작은 경우 앵커 정착장의 표면 파괴일 것이다.

필요한 경우 좀 더 신뢰할 만한 결과가 필요할 때는 임의의 하중단계에서 반복재하할 필요가 있다. 적어도 한번 이상의 반복재하에 의한 앵커의 하중－변위 특성은 동일한 패턴으로 반복된다. 만약 앵커의 정착장 거동에 대하여 보정이 가능하다면(소성변위 보정) 이는 아마도 앵커 정착장 전체 또는 부분적인 응력전이현상에 대하여 설명할 수 있을 것이다. 또한 시험과정에서 다양한 단계별 작용하중에 대한 인장재의 순수 늘음량이 얻어졌다면 앵커의 유효 자유장을 계산할 수 있으며 계산된 유효 자유장은 앵커 정착장의 거동을 추정하고 판단할 수 있는 자료가 된다.

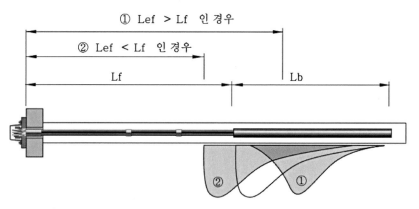

그림 4.3 유효 자유장에 의한 앵커의 정착거동 판정

그림 4.3에서 ①과 같이 계산된 유효 자유장이 설계된 자유장보다 길게 평가된다면 이는 정착장 의 재부착 또는 표면파괴가 발생하여 지반의 응력분포는 ①과 같이 전이된 것이며 이때 유효 자유장

이 정착장 길이의 0.5배를 넘지 않으면 앵커는 유효한 것이다. 만일 ②와 같이 계산된 유효 자유장이 설계길이보다 작게 평가된다면 자유장 일부가 그라우트와 부착되어 정착거동을 발휘하거나 또는 실제 앵커의 길이가 짧게 시공된 것으로 정착장 내 응력분포는 ②와 같을 것이다. 이러한 경우 정착장의 위치가 당초 설계조건과 달라진 것으로 앵커의 내적 안정 검토가 이루어져야 한다.

좀 더 정밀한 앵커의 정착거동을 추정하기 위해서는 반복 하중재하가 매우 유용하며, 반복재하를 통해 얻어진 데이터는

① 앵커 정착장의 변위측정값을 제공해주고
② 앵커 거동에 대한 역해석을 가능케 해주며
③ 재산정된 탄성범위에서의 하중−변형률 특성의 신뢰도를 높여준다.

특히 반복 재하되는 하중에 대한 누적 소성변위는 반복하중 재하과정에서의 즉시손실로 앵커 정착장의 표면파괴를 의미하는 것이다.

앵커의 인장과정에서 얻어진 하중−변위 결과는 일부 오차를 수반하게 되며 이때 오차의 보정 및 결과의 판정에서 오차의 영향을 고려하는 것은 앵커의 상태를 더욱 정확히 판정할 수 있게 한다.

지반앵커의 인장과정에서 고려할 수 있는 오차의 원인은 강재의 탄성계수와 관련된 오차, 앵커 길이에 따른 오차 등이 있으며 이러한 오차는 빈번하게 발생한다.

현장에서의 늘음량과 계산된 늘음량과의 차이는 인장재 탄성계수의 오차범위에 따른 필연적인 영향으로 나타나며, 연구에 의하면 이러한 오차는 약 12% 정도 발생하는 것으로 알려져 있다. 또한 시공과정에서는 과다천공 및 천공길이 부족에 대한 자유장 길이가 오차로 나타남을 알 수 있다.

또 다른 오차의 주요 원인은 자유장 부분에서의 마찰이다.

지반앵커의 자유장 부분에서 발생하는 마찰의 영향은 그리 크지 않으나 정밀한 실험이 요구될 때는 고려해볼 필요가 있다.

지반앵커에서 고려할 수 있는 자유장 부분의 마찰은 3가지 유형으로 구분된다.

① 비교적 일정한 값으로 나타나는 경우 : 인장재의 처짐 등이 원인으로 초기 정렬하중을 통해 보정할 수 있다.
② 작용하중에 비례하여 나타나는 경우 : 인장재의 자유장 부분에 충진된 그라우트 강도 등이 원인으로 반복재하에 의한 실험으로 보정할 수 있다.

③ 관련 요소에 의존하지 않고 불규칙적으로 나타나는 경우 : 자유장 부분의 그라우트가 불균질하게 충진되거나 그라우트 강도가 부족한 경우로 임의 하중단계에서 늘음량이 불규칙적으로 나타난다.

이러한 마찰의 영향은 자유장 보호를 위해 적절한 윤활제를 사용함으로 최소화할 수 있고 (c)와 같은 불규칙적인 영향은 앵커 자유장 구간의 직진성 오차에 기인하는 것으로 하중재하 단계에서 자유장 부분의 그라우트 파괴로 인한 경우가 대부분이다. 이러한 영향은 인장재의 설치 시 직진성을 확보하고 초기 정열하중을 적용함으로 줄일 수 있다.

이 외에도 기록과정의 정확도와 신뢰도, 장비의 정밀도에 의해 차이를 보이므로 장비의 검·교정에도 유의하여야 할 것이다.

CHAPTER 05 앵커시험

CHAPTER 05 앵커시험

지반앵커시험은 앵커설계를 위한 설계정수를 얻기 위한 시험과 시공 중 앵커의 적정성 여부를 판단하기 위한 시험, 준공 후 유지관리를 위해 설치된 앵커의 보유응력을 확인하기 위한 시험으로 구분할 수 있으며 아래와 같다.

① 극한인발시험 : 지반의 설계정수를 얻기 위한 실험, 또는 대상지반에서의 극한인발력 확인
② 적합성시험 : 앵커의 하중−변위 관계와 앵커의 탄·소성 거동특성, 설치된 앵커의 유효 자유장 특성, 앵커와 지반의 크리프 특성 등 앵커의 단기 하중보유능력과 장기손실특성을 규명
③ 확인시험 : 설치되는 모든 앵커의 하중−변위 관계를 확인함으로 앵커의 적합성 평가
④ 리프트 오프(lift−off) 시험 : 인장이 완료된 앵커에 대하여 임의 시점 경과 후 앵커의 보유응력을 확인하는 시험으로 유지관리를 위한 기초자료가 되며 로드셀이 설치된 경우는 불필요

5.1 극한인발시험

지반앵커의 극한인발시험은 설치된 앵커의 극한인발력을 확인하고 지반과 그라우트의 극한마찰 저항력을 확인하여 합리적인 설계가 이루어질 수 있도록 설계 및 시공 전에 이루어지는 시험이다.
지반앵커공법 도입 초기에는 다양한 지반에 대한 극한마찰저항력 근거자료도 부족하고 또한 대부분의 설계 및 시공기준이 이때 만들어진 관계로 지반앵커 설계 전 극한인발시험을 실시하여 설계정수를 결정하도록 규정하고 있다.

그러나 국내의 실정에서 기본설계 또는 실시설계의 과정에서 지반앵커를 계획하더라도 실제 현장에서 앵커시험을 할 수 있는 여건이 조성되지 않으며 설계과정에서는 기존의 문헌에 제시된 지반과 그라우트의 마찰저항력에 대한 참고자료를 이용하게 된다.

이러한 이유 때문에 국내에서 앵커 시공 전 극한인발시험은 설계에서 적용된 지반과 그라우트의 극한마찰저항력에 대한 적정성 여부만을 확인할 수 있는 것이 현실이다.

또한 극한인발시험의 두 가지 목적 중 다른 한 가지, 지반과 그라우트의 극한마찰저항력을 확인하기 위해서는 실제 현장에 설치되는 앵커와는 좀 다르게 계획되어야 한다. 왜냐하면 현장에 설치되는 앵커의 각각 요소별 적용 안전율이 다르기 때문에 실제 현장에 설치되는 앵커로는 시험의 목적을 달성할 수 없는 경우가 대부분이기 때문이다.

보통의 경우 인장재가 가장 먼저 파괴상태에 도달하게 되며 이때 설치된 앵커의 설계앵커력과 극한인발력과의 안전율 정도만 확인할 수 있는 경우가 대부분이다. 이러한 이유는 지반앵커 설계에서 인장재에 적용되는 안전율이 가장 작기 때문이다.

즉, 극한인발시험을 위해서는 마찰력 산정에서의 안전율이 최소가 되도록 하고 인장재에 대한 안전율을 크게 적용하여 정착장이 인발될 때까지 인장재가 파단되지 않도록 계획되어야 하는 것이다.

간혹 현장에서 지반앵커의 극한인발시험과 관련해서 해석과 개념의 차이로 분쟁이 생기는 경우가 있는데 이는 앞서 설명한 '인장재에 적용된 안전율이 가장 작음으로 인해 발생하는 문제'인 것이다. 즉, 현장에 설치된 앵커의 극한인발시험은 단순히 설치된 앵커의 극한인발저항력이 설계앵커력 대비 얼마 정도의 안정성을 확보하고 있는지 추정하는 자료만을 제공할 수 있는 것이다.

최근 국내 학계 또는 관련 연구단체에서 국내 지반조건에 따른 지반과 그라우트의 주면마찰력에 관하여 현장시험을 통하여 얻고자 하는 시도가 있는데 이는 좀 더 신중하게 고려되어야 하며 이러한 시험은 별도의 계획을 가지고 진행되어야 할 것으로 판단된다.

참고로 현장에 설치되는 앵커의 극한인발저항력과 관계되어 선행되어야 하는 시험은 앵커 풀아웃(pull-out)에 대한 실질적인 안전율을 얻을 수 있도록 실제 앵커가 인발되도록 하거나(지반이 매우 연약한 경우가 아니고는 실제로 거의 뽑아지지 않음) 또는 설계하중의 2배 이상 적용하여 설계앵커력 대비 설치된 앵커의 인발저항 및 풀아웃에 대한 안정성이 확인되어야 하는 것이다.

즉, 극한인발시험을 통해 자유장 산정의 적정성을 확인할 수 있는 의미의 극한인발시험이 실시되어야 하는 것이다. 이러한 시험은 보통 현장조건을 정확히 알기 전에 수행되어야 하며 만일 실제적이고 경제적으로 시험하고자 한다면 시험앵커의 목표하중에 대하여 자유장의 상태, 앵커길이의 적정성, 인장재 배열 조건과 정착장의 파괴거동, 방·부식 처리 상태 등에 대하여 검증되고 설명할 수 있도록 하여야 한다.

5.2 적합성시험(Acceptance test)

지반앵커의 적합성시험은 시험앵커의 하중－변위 관계와 앵커의 탄·소성 거동특성, 설치된 앵커의 유효 자유장 특성과, 앵커와 지반의 크리프 특성 등을 규명할 수 있으며 장단기적인 지반앵커의 안정성을 추정할 수 있는 직접적인 자료가 된다.

현장에 설치되는 앵커는 동일한 현장일지라도 다양한 지반조건과 설치과정에서 조건의 차이로 설치된 앵커의 실질적인 하중보유능력은 다양하게 나타날 수 있다. 이러한 이유로 설치된 앵커의 적합성 여부를 판단하여 '앵커의 설치목적을 충분히 달성할 수 있는가' 여부를 판단하기 위한 시험이 수행되어야 한다.

시험의 최우선 목적은 단기간 앵커하중에 대한 안전율(보통 설계하중의 120~150%), 그리고 정해진 기준에 대한 하중유지능력에 대한 안정성을 측정하고 평가하는 것이며 부가하여 각각의 앵커에 대해 얻어진 하중－변위 곡선은 예상되는 시공과정의 다양한 값들과 신중하게 비교하는 데 유용하게 사용할 수 있는 자료가 된다.

설치된 앵커의 적합성시험과 관련해서는 각 국가의 기준마다 각각 조금씩 차이는 있으나 근본원리는 동일하다.

DIN 4125에 의하면 각 시공된 앵커는 항복하중의 10%에 해당하는 초기하중을 재하하여야 하며 이후 하중재하는 설계하중의 40%, 80%, 100% 120% 순으로 증가시키도록 하고 있다. 이때 각 하중단계별 하중유지시간은 비점성토는 최소 5분, 점성토는 최소 15분 동안 하중을 유지시키고 이때의 앵커의 늘음량을 기록하도록 하고 있다.

DIN 4125에서 시험하중이 설계하중의 150%인 이유는 인장재 설계에 적용되는 안전율과 관계가 있다. 보통 적합성시험에서 시험하중은 설계하중의 133%를 넘지 않도록 적용하는 경우가 대부분이나 DIN 4125에서 시험하중이 설계하중의 150%인 이유는 인장재 설계에 적용되는 안전율이 다르기 때문이다.

최대시험하중을 설계하중의 133%를 적용하는 이유는 인장재 설계에 대한 안전율이 1.67 ($0.6f_{us}$), 즉 극한하중의 60%를 설계하중으로 제한하는 경우에 적용되며 이때 최대시험하중은 극한하중의 80%에 해당하게 되는 것이다.

따라서 인장재에 가할 수 있는 최대인장력이 $0.8f_{us}$ 또는 $0.94f_y$를 넘지 않아야 한다는 설계기준에 의해 133%라는 숫자가 정해지는 것이다.

최대시험하중을 150%로 적용하는 경우도 동일한 이유로 설명되며 이때 인장재에 적용된 안전율이 2.0인($0.5f_{us}$) 경우이다.

국내 설계기준에 따르면 133%를 넘지 않도록 하여야 하며 참고로 표 5.1~5.2는 적합성시험과 관련된 최대시험하중과 하중재하 방법에 대한 각국의 기준을 비교한 것이다.

표 5.1 Acceptance test

구분	DIN 4125	U.S Practice(1982)
Test Load(F_t)	$1.2F_d$, cannot exceed $0.9F_y$(1972)	$1.5F_d$
	$1.5F_d$(Permanent anchor, 1974)	$1.33F_d$(remaining anchor)
Initial Load($F_{a.l}$)	$0.1F_y$	$0.1F_d$
Loading cycle	$0.1F_d$, $0.4F_d$, $0.8F_d$, $1.0F_d$, $1.2F_d$	$0.1F_d$, $0.25F_d$, $0.5F_d$, $0.75F_d$, $1.0F_d$ $1.25F_d$, $1.5F_d$
		$0.1F_d$, $0.25F_d$, $0.5F_d$, $0.75F_d$, $1.0F_d$, $1.33F_d$(remaining anchor)
Lift-off test		24h later, 10% 이상 손실 시 24시간 후 재실시
구분	FIP Recommendation(1973)	British Standard(1980)
Test Load(F_t)	$0.9F_y$ or $0.75F_{pu}$	$0.8F_{pu}$
	$1.2F_d$: Temporary $1.3F_d$: Permanent	$1.25F_d$
Initial Load($F_{a.l}$)	$0.1F_d$	$0.1F_d$
Loading cycle	$0.1F_d$, $0.4F_d$, $0.8F_d$, $1.0F_d$, $1.3F_d$ (133%에서 최소 2~5분)	$0.1F_d$, $0.25F_d$, $0.5F_d$, $0.75F_d$, $1.0F_d$, $1.33F_d$ (133%에서 최소 2~5분)

표 5.2 Basic and Suitability Test According to Bureau Securitas(1972)
    Minimum Number of Test Anchors

No. of Test Anchors	No. of Production Anchors
2	1~200
3	201~500
4	501~1000
5	1001~2000
6	2001~4000
7	4001~8000

1) 시험수행

지반앵커의 적합성시험 방법은 하중고정-변위제어 방식과 변위고정-하중제어 방식으로 구분할 수 있다.

하중고정-변위제어 방식은 시험과정에서 각각의 하중 재하단계에서 변위를 측정하여 시험결과를 분석하는 것이며 변위고정-하중제어 방식은 각각의 시험단계에서 일정 변위단계에서 변위가 고정되도록 시험하중을 변화시켜 이때 시험하중의 변화를 측정하여 시험결과를 분석하는 것이다. 사진 5.1은 지반앵커의 시험 모습이며 그림 5.1은 시험앵커의 설치도이다.

(a) 수직앵커

(b) 사면앵커

사진 5.1 앵커 시험

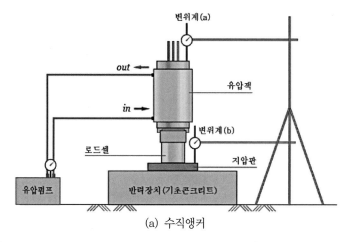

(a) 수직앵커

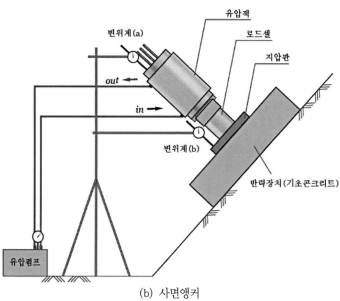

(b) 사면앵커

그림 5.1 시험앵커 설치도

시험방법을 선택할 때 중요한 것은 시험장비와 계측기의 특성이 고려되어야 한다는 것이다. 변위고정-하중제어 방식은 시험과정에서 매우 정밀한 시험장비와 계측장치가 필요하며 변위를 고정하여 하중을 제어하는 것은 매우 어렵다. 그림 5.2는 두 가지 시험방법에 대한 결과 곡선의 예를 보여주는 것이다. 시험과정에서 하중재하 방법이 유압잭에 의해 재하되는 것을 고려하면 하중고정-변위제어 방식이 수월하다.

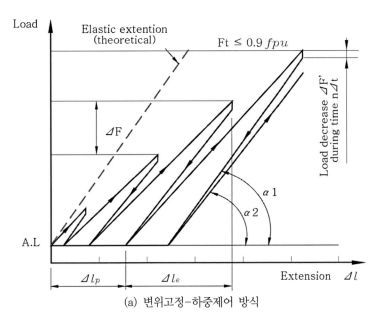

(a) 변위고정-하중제어 방식

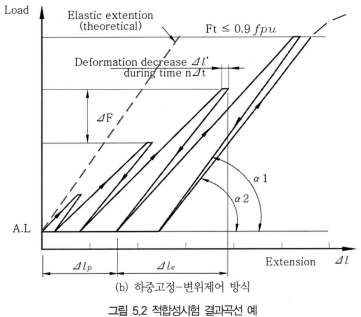

(b) 하중고정-변위제어 방식

그림 5.2 적합성시험 결과곡선 예

  지반앵커 시험과정 중 정열하중($F_{a.l}$, alinement load)은 시험과정에서 인장재의 직진성과 시험 장치의 세팅 과정에서 유발되는 오차를 배제하기 위한 절차이다.

  정열하중 단계에서 설치된 앵커 인장재의 정열, 정착 구조체를 구성하는 정착헤드 및 지압판 등의 정착에 의한 초기오차를 배제하며 정열하중은 설계하중의 5~10%에 해당하는 값을 적용한다.

앵커의 적합성시험은 설치된 앵커에 대하여 하중을 증가 및 감소시켜 수행하며 시험을 통해 앵커의 성능, 하중−변위거동, 크리프치를 확인할 수 있다.

시험순서는 먼저 테스트 장비의 적당한 정착 및 측정값의 해석오차를 최소화하기 위하여 사용하중의 5~10% 크기의 정열하중을 재하하고 그림 5.3과 같이 하중을 단계별로 재하하여 단계별 하중과 변위를 측정한다. 증가된 하중은 다시 정열하중($F_{a.l}$)으로 감소시키고 각 하중 단계별로 규정된 시간 동안 하중을 유지하다가 정열하중($F_{a.l}$)으로 하중을 제하하며 이 과정을 최대시험하중에 도달할 때까지 반복한다.

최종 목표하중은 인장재의 인장강도(F_{us})의 90% 미만으로, 즉 $\eta F_d < 0.9 F_{us}$ 크기로 하여야 한다. 일정 하중재하 상태에서 일정변위 수렴 시간이 5분 이상인 경우에는 크리프치를 측정하기 위한 시간−변위 관계 곡선($\log t - s$)을 그린다.

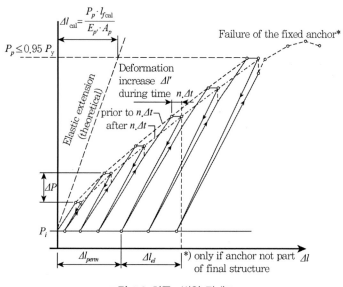

그림 5.3 하중−변위 관계도

시험결과의 평가 및 조치는 극한하중과 유효 자유장 길이(l_{ef}), 영구변형(Δl_{perm})을 구하는 데 사용된다. 극한하중을 알아내기 위해 변위(Δl)는 $n\Delta t$에서 Δt까지 시간 간격 동안 하중에 대하여 그림 5.4와 같은 변위−하중 관계곡선이 얻어진다.

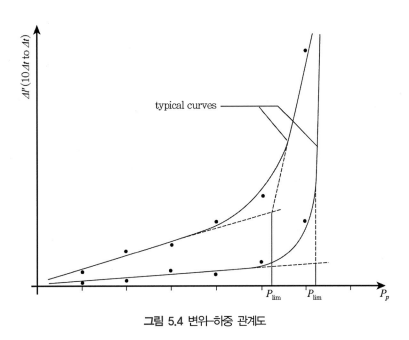

그림 5.4 변위-하중 관계도

유효 자유장 길이는 설치된 앵커의 실제 정착력을 발휘하는 하중작용점을 나타내는 것으로 그림 5.5와 같은 탄소성 변위곡선에서 직선 A'에서 X로부터 식 (5.1)을 이용하여 계산된다.

$$l_{ef} = \frac{\Delta l(X) \cdot A_p}{P(X) - P_i - R} \cdot E_p \tag{5.1}$$

$\Delta l(X) =$ 하중 $P(X)$에서의 탄성변형, $R =$ 선 $A - A'$에서의 마찰력

식 (5.1)에 의한 앵커의 유효 자유장 길이는 앵커 정착유형에 따라 식 (5.2)를 만족하여야 한다. 여기서 k는 인장형 앵커는 0.5 압축형 앵커는 1.1을 적용한다.

$$l_{ef} = 0.9 \cdot l_{fcal}, \quad l_{ef} = l_{fcal} + k \cdot l_{bcal} \tag{5.2}$$

영구변형은 시험결과 얻어진 전체변위에서 탄성변위를 제외한 결과이며 그림 5.5와 같이 탄·소성 변위곡선으로부터 산정할 수 있다.

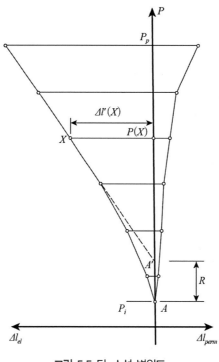

그림 5.5 탄·소성 변위도

앵커의 크리프 거동은 시간의 경과에 따라 앵커의 긴장력이 감소되는 현상으로 앵커의 전체적인 안정에 영향을 미칠 수 있다. 앵커의 크리프 거동은 앵커의 크리프치 K_s로 나타나며, 이는 앵커헤드의 변위 $s(\mathrm{mm})$와 시간 $\log t(\min)$의 관계, 즉 $s - \log t$ 곡선의 기울기를 나타낸다. 앵커헤드의 변위 (s)는 인장재의 탄성변위 및 앵커 정착장의 압축변위, 정착장과 지반 간의 전단변위, 정착장과 앵커 헤드 사이 지반의 체적변형의 합으로 나타난다. 이 중 처음 두 가지, 즉 인장재의 탄성변위 및 정착장의 압축변위와 정착장과 지반 간의 전단변위는 앵커의 크리프치 K_s에는 아무런 영향을 미치지 않는다. 앵커의 경험적인 크리프치 K_s는 파괴에 대한 안전율이 모래지반에서는 1.5, 점성토에서는 2를 초과하면 크리프치가 급속하게 변화한다. 따라서 크리프치는 일반적으로 사용하중에서 $K_s \leq 0.5 \sim 0.6\mathrm{mm}$이어야 한다. 크리프 경향이 뚜렷한 지반에서는 $K_s = 2\mathrm{mm}$인 상태에서 극한하중을 정한다.

2) 앵커시험 수행 예

○○현장 앵커 적합성시험은 하중고정–변위제어 방식으로 수행하였으며 시험과정 및 결과를 간단하게 요약하였다.

표 5.3 시험앵커 제원

구분	설계하중	인장재	정착장	자유장	여유장	총길이
MLT	400kN	12.7×4	3.0m	12.0m	1.5m	16.5m

표 5.4 시험 및 계측장치 제원

항목	규격	수량
Hyd. Jack(Center hole stressing Jack)	1,000kN	1
Hyd. Jack(Multi stressing Jack)	800kN	1
Hyd. Pump(Enerpack hyd. pump)	1.5HP	2
Load cell	1,000kN	1
LVDT	100mm	1
계측 시스템	Data logger TDS-303	1

표 5.5 하중재하 단계

재하단계	하중(kN)		재하 순서
A.L	50	$0.12F_d$	$F_0 \rightarrow F_{a.l}$
1단계	160	$0.4F_d$	$F_{a.l} \rightarrow 0.4F_d \rightarrow F_{a.l}$
2단계	240	$0.6F_d$	$F_{a.l} \rightarrow 0.6F_d \rightarrow F_{a.l}$
3단계	320	$0.8F_d$	$F_{a.l} \rightarrow 0.8F_d \rightarrow F_{a.l}$
4단계	400	$1.0F_d$	$F_{a.l} \rightarrow 1.0F_d \rightarrow F_{a.l}$
5단계	480	$1.2F_d$	$F_{a.l} \rightarrow 1.2F_d \rightarrow F_{a.l}$
6단계	540	$1.35F_d$	$F_{a.l} \rightarrow 1.35F_d \rightarrow F_{a.l}$

(a) 천공 작업   (b) 시험용 앵커체

(c) 앵커 설치 및 그라우팅

(d) 로드셀 설치   (e) 인발시험

사진 5.2 앵커시험 과정

(f) 시험수행

사진 5.2 앵커시험 과정(계속)

시험결과

표 5.6 적합성시험 결과

구분	A.L	1st Loading cycle			2nd Loading cycle		
step	F_i	F_1	$F_1{}^*$	F_i	F_2	$F_2{}^*$	F_i
Load(kN)	50	160	160	50	240	240	50
displacement(mm)	11.85	31.37	31.37	12.47	45.47	45.55	12.77

구분	3rd Loading cycle			4th Loading cycle		
step	F_3	$F_3{}^*$	F_i	F_4	$F_4{}^*$	F_i
Load(kN)	320	320	50	400	400	50
displacement(mm)	59.62	59.73	13.08	73.69	73.92	13.50

구분	5th Loading cycle			6th Loading cycle			
step	F_5	$F_5{}^*$	F_i	F_6	$F_6{}^*$	$F_6{}^{**}$	F_i
Load(kN)	480	480	50	540	540	540	50
displacement(mm)	87.70	88.10	13.93	98.73	99.01	99.27	14.39

Deformation increase						
구분	F1=160kN		F2=240kN		F3=320kN	
time	0	Δt=5분	0	Δt=5분	0	Δt=5분
reading	31.37	31.37	45.47	45.55	59.62	59.73
Δl	0.00		0.08		0.11	
Δl allow	0.38		0.65		0.92	
Y/N	Y		Y		Y	

표 5.6 적합성시험 결과(계속)

구분	F4=400kN		F5=480kN		F6=540kN	
time	0	Δt=5분	0	Δt=5분	0	Δt=5분
reading	73.69	73.92	87.70	88.10	98.53	99.27
Δl	0.23		0.40		0.54	
Δl allow	1.20		1.47		1.68	
Y/N	Y		Y		Y	

결과 분석

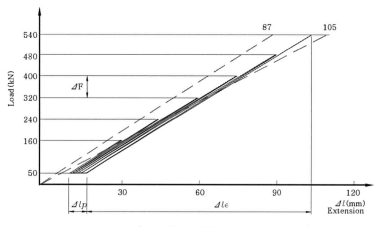

그림 5.6 하중-변위 관계곡선

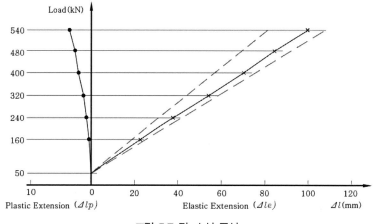

그림 5.7 탄·소성 곡선

시험결과에서 식 (5.1)에 의해 산정된 유효 자유장 길이는 14.01m로 식 (5.2)를 만족한다.

5.3 확인시험

지반앵커에서 확인시험은 의미가 폭넓게 사용되고 있다. 확인시험에 대해서는 각국의 기준도 상이하며 그 의미도 지반앵커 자재 및 시공 전반에 관한 관리기준으로 인지하는 경우와 지반앵커 인장력의 확인에 국한하여 관리기준으로 인지하는 경우로 구분된다. 본 서에서는 지반앵커의 적합성을 확인하는 개념으로 정리하고자 한다.

지반앵커에서 적합성시험은 표본조사의 개념으로 시행되는 것이며 시험결과로 얻어진 근거자료를 기준으로 설치되는 모든 앵커의 건전도가 평가되어야 한다. 즉, 확인시험의 의미는 모든 앵커의 인장작업에서 나타나는 하중-변위 관계를 통해 앵커의 적합성을 판단할 수 있어야 하며 인장력의 도입과정에서 보통 3~5단계로 구분하여 하중이 재하된다.

그림 5.8은 확인시험 과정의 하중-변위관계 곡선의 예를 나타낸 것이며 필요한 경우 각 하중단계에서의 개략적인 소성변위, 유효 자유장 등을 판정할 수 있다.

그림 5.8(a)에서 임의 하중 재하단계에서 소성변위를 읽어낼 수 있도록 임의 시간동안 하중이 재하되어야 하나 실제 미세한 변위를 읽어내는 것은 쉽지 않다. 실제 현장에서의 결과는 대부분 그림 5.8(b)와 같이 나타난다.

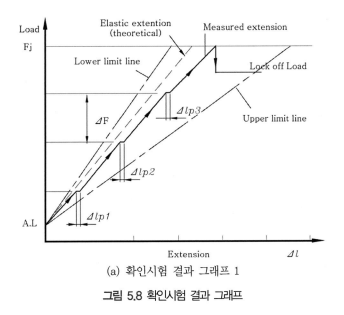

(a) 확인시험 결과 그래프 1

그림 5.8 확인시험 결과 그래프

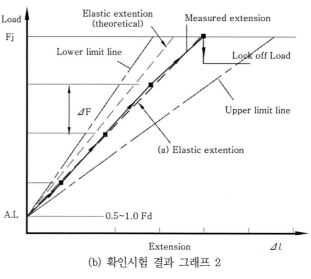

(b) 확인시험 결과 그래프 2

그림 5.8 확인시험 결과 그래프(계속)

시험과정의 하중 재하단계에서 임의 하중단계로 나누어서 재하하는 이유는 두 가지로 생각해볼 수 있다. 먼저 적합성시험 결과와 임의 하중단계의 변위를 비교하여 적합성 여부를 판단하도록 하는 것과 또한 어떤 시공과정의 오차로 인해 지반앵커의 정착력이 충분하지 않은 경우, 즉 임의 단계의 소성변위가 적합성시험 결과와 비교하여 상이하게 나타나는 경우 그 원인과 대책을 강구해야 하는 것이다.

두 번째 경우의 대부분은 지반앵커 설치과정에서 지반조건의 변화, 그라우트 강도 부족, 그라우트의 유실 등이 원인이며 추가인장을 중단하고 보유응력의 범위 내에서 사용성을 검토해야 한다. 예를 들면, 설계하중이 500kN인 경우 300kN의 단계에서 변위가 적합성시험 결과와 상이한 경우 인장작업을 중단하고 300kN의 앵커로 사용되도록 해야 하는 것이며 이때 앵커가 설치된 구조계의 안정성을 검토하여 사용 여부를 결정해야 한다. 이러한 사례는 현장에서 종종 나타나며 이는 공법의 특성에 기인한 것으로 부실시공의 의미와는 다른 것이다.

현장시험에서 얻어진 그림 5.8(b)에서 (a) 측정된 탄성곡선(elastic extension)의 기울기를 이용하면 실제 설치된 앵커의 유효 자유장과 인장균열을 추정할 수 있다.

그림 5.8에서 이론늘음량은 그림 5.9 ①의 설계된 앵커 자유장 길이에 의한 이론적 늘음량이며 그림 5.8(b)에서 실제 인장작업에서 얻어진 탄성늘음량은 그림 5.9 ②와 같이 설치된 앵커의 실제 유효 자유장 길이에 의한 늘음량인 것이다.

대부분의 현장시험에서 유효 자유장은 설계자유장보다 큰 값으로 나타나고 유효 자유장이 크게 나타나는 만큼 정착장은 감소되어 있는 것이며 그림 5.9 ④와 같이 인장균열 발생구간을 추정할 수 있다.

유효 자유장의 길이가 작게 나타나는 경우는 자유장 부분의 피복이 잘못되어 자유장을 구성하는 인장재 일부가 그라우트와 부착되었거나 지반앵커의 설치길이가 짧은 경우이다. 즉, 그림 5.9에서 ③의 경우로 자유장 길이 부족에 의한 블록파괴 또는 풀아웃에 대한 안정성을 검토하여야 한다.

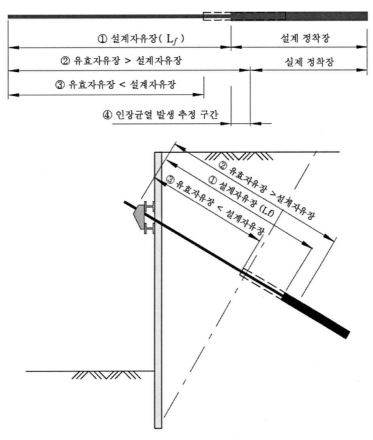

그림 5.9 시험결과를 통한 유효 자유장 판정

CHAPTER **06** 부식방지

6.1 일반사항

지반앵커에서의 부식방지는 지반앵커의 사용기간과 관계되는 매우 중요한 사항이다. 지반앵커의 설치대상이 지반이고 대부분의 지반에는 지하수가 존재한다. 지반앵커의 방·부식에 대하여 고려할 때 가장 문제가 되는 것은 인장재의 부식률을 고려하여 설계할 것인가, 아니면 부식방지공법을 채택할 것인가 하는 사항이다. 아쉽게도 고인장 상태에서의 부식에 대한 연구결과는 아직 많지 않다. 또한 대상 지반조건의 산화반응조건을 정확히 예측하는 것은 매우 어려운 일이며 이러한 이유로 대부분 부식방지공법을 채택하게 되는데 검증된 가장 일반적인 방법이 이중부식방지 처리이다.

간혹 부식방지를 위해 인장재에 용융아연도금 등의 방법을 사용하는 경우가 있는데 이는 매우 큰 잘못이다. 인장재에 도금을 할 경우 인장재와 그라우트의 부착저항에 영향을 주며 또한 도금재의 박리현상에 의하여 심각한 피해를 유발할 가능성을 내포한다. 보통 해외기준에서는 인장재의 도금은 절대적으로 금하고 있다.

지반앵커에서 지하수에 대한 방식의 기본은 그라우트에 의한 방식이다. 보통 가설앵커에서는 그라우트체의 차수기능만으로 충분한 것으로 알려져 있으며 많은 실적을 통해 검증된 바 있다. 그러나 영구앵커로 사용될 경우 별도의 방·부식처리가 필요하다. 일반적으로 가장 널리 적용되는 방식은 그라우트체에 물리적인 경계를 두어 이중으로 부식에 저항할 수 있도록 하고 있으며 이를 이중부식방지라고 표현하고 있다. 이중부식방지 처리가 적용된 이후 방·부식으로 인한 실패사례는 거의 나타나지 않고 있으며 충분히 신뢰하여도 될 것이다. 다만 이중부식방지 시스템의 원리를 정확하게 이해하고 적용하는 것이 중요하다.

참고로 표 6.1은 BS 8081에서 제시하고 있는 부식방지에 관한 등급을 나타낸 것이다.

표 6.1 지반앵커의 부식방지 등급

Anchorage category	Class of protection
Temporary	Temporary without protection Temporary with single protection Temporary with double protection
Permanent	Permanent with single protection Permanent with double protection

6.2 이중부식방지(Double corrosion protection system)

1) 정착장의 이중부식방지

지반앵커 정착장의 방·부식처리의 기본은 그라우트체에 의한 부식방지이다. 영구앵커에서 적용토록 규정되어 있는 이중부식방지의 기본개념 역시 그라우트체에 의한 부식방지이다.

보통 영구앵커의 이중부식방지를 위해 그라우트체에 물리적인 경계를 두어 그라우트체가 이중으로 구성되도록 하고 있으며, 주로 P.E 덕트를 이용하여 그라우트체가 이중으로 형성되도록 하고 있다. 그림 6.1은 부식방지 처리가 적용되지 않은 가설앵커의 개요를 보여주는 것이며 그림 6.2는 정착장에 이중부식방지 처리된 영구앵커의 개요를 보여주는 것이다. 그림 6.2에서 영구앵커로 사용되는 이중부식방지 처리는 얼핏 단순하게 보일 수 있으나 부식에 저항하는 효과는 매우 크게 나타난다.

그 효과는 앵커설치 및 인장과정에서 그라우트체에 발생하는 인장균열에 대하여 P.E 덕트를 통해 분리되어 있는 그라우트체가 발생한 인장균열의 유선거리(seepage line)를 증대시키는 역할을 하여 지하수의 침입에 대응하도록 한다.

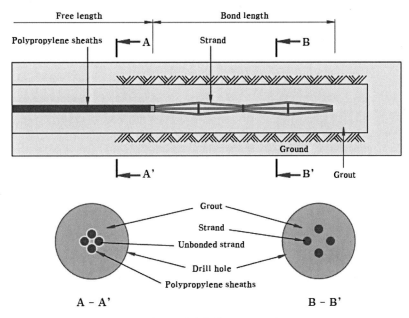

그림 6.1 가설앵커(Unprotection)

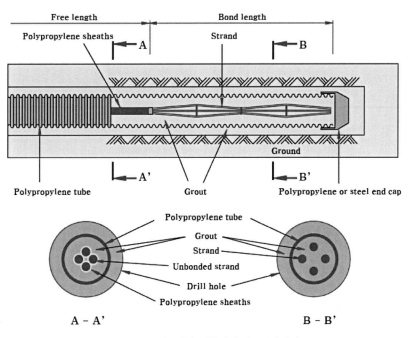

그림 6.2 영구앵커 정착장의 이중부식방지

2) 자유장의 방·부식 처리

　보통 지반앵커의 자유장은 P.E 호스 내에 그리스를 충진함으로 보호되는데 이때 중요한 것은 사용하는 그리스의 품질과 그리스의 충진방식이다.

　그리스와 윤활유는 근본적으로 사용목적이 다르며 지반앵커에서 그리스의 사용목적은 인장재의 부식방지와 인장재의 신장이 허용될 수 있도록 P.E 호스와의 마찰을 줄여주는 역할이다. 지반앵커에서 사용되는 그리스는 물과 혼합되지 않아야 하며 자기회복기능이 있어야 한다. 사진 6.1은 자유장 부분의 방·부식 처리를 위해 P.E 호스 내에 그리스를 충진하는 모습으로 스트랜드의 꼬여 있는 소선을 모두 풀어 그리싱 처리하는 벌빙 그리싱 모습이다.

　자유장 부분의 그리싱 작업에 있어서 벌빙 그리싱 작업을 실시하는 이유는 자유장을 피복하는 P.E 호스 내부 체적에서 인장재의 체적을 제외한 P.E 호스 내부공간에 그리스가 충분히 채워질 수 있도록 하기 위한 것이다.

사진 6.1 벌빙 그리싱에 의한 자유장 처리

　액체 상태인 윤활유는 구분을 위해 점도(viscosity) 등급이 사용되지만 그리스는 반고체 상태이기 때문에 점도로 표시할 수 없으며 주도(consistency)로 그리스의 뻑뻑함을 구분한다. 그리스의 뻑뻑하고 묽은 정도는 같은 그리스 일지라도 조금씩 차이가 있기 때문에 절대적인 수치로 나타낼 수 없어 미국 National Lubricating Grease Institute에 의한 뻑뻑한 정도에 따라 일정한 상한선과 하한선을 가진 9등급의 주도로 구분된다. 지반앵커용으로 사용되는 그리스는 시간경과에 따른 체적 변화가 적은 주도 1등급 이상을 사용하여야 한다.

표 6.2 그리스의 주도(consistency) 등급

혼화주도(0.1mm)	NLGI 주도 등급	혼화주도(0.1mm)
Fluid grease	000	445~475
	00	100~430
	0	355~385
Soft grease	1	310~340
	2	265~295
	3	220~250
	4	175~205
Sticky grease	5	130~160
	6	85~115

6.3 정착두부의 방·부식처리

지반앵커의 실패사례 중 가장 많이 나타나는 것이 정착두부에 인접한 자유장의 파괴이다. 해외의 조사결과에 의하면 지반앵커 실패사례 중 약 40% 정도가 정착두부 근처의 자유장 부식에 의한 파괴로 나타나고 있다.

이유는 인장재를 정착헤드에 고정할 때 별도의 방식처리가 어렵기 때문이다. 특히 수압대응 영구앵커의 경우 그 실패사례가 더욱 많이 나타난다.

수압대응 영구앵커의 경우 지반앵커의 적용환경이 부식에 대하여 더욱 불리하며 설치 후 항상 큰 수압이 작용하는 환경에 노출되기 때문이다.

수압대응 앵커에서 지하수 유입 원인은 다음과 같이 나타난다.

① 스리브 외부를 통한 지하수 유입
② 스리브 내부를 통한 지하수 유입
③ 인장재 피복호스를 통한 지하수 유입
④ 기초 콘크리트 균열을 통한 지하수 유입

그림 6.3에서 (b)와 같이 스리브 외부를 통한 지하수 유입의 경우에는 구조물의 방수와 관계되는 문제이나 (a)와 같이 스리브 내부를 통해 지하수가 유입되는 경우는 지반앵커의 사용성과 관계되는

문제이다. 그림 6.3(a)의 원형부분에서 인장재가 지하수에 노출되어 부식에 대한 저항능력이 떨어지며 대부분의 수압대응 앵커의 파괴사례가 두부근처에서 생기는 것도 이러한 이유 때문이다.

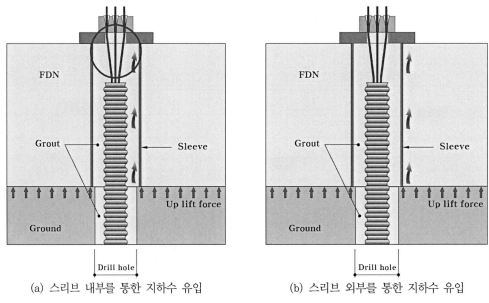

(a) 스리브 내부를 통한 지하수 유입   (b) 스리브 외부를 통한 지하수 유입

그림 6.3 수압대응 앵커에서의 지하수 유입

사진 6.2는 수압대응 영구앵커의 인장재 부식으로 인한 파괴사례로 지반앵커 전체에 방·부식 처리가 이루어지지 않아 앵커 정착헤드 부근의 인장재가 파단된 예이다.

사진 6.2 수압대응앵커 파괴 예

그림 6.4는 국내에서 시공되고 있는 수압대응 앵커의 다양한 정착두부 방·부식처리방법을 나타낸 것이다. 그림 6.4(a)의 경우 폴리우레탄 계열의 탄성재를 이용하여 지하수에 대응토록 하는 방법으로 가장 많이 적용되고 있으나 시공순서에 유의해야 효과가 나타난다.

종종 현장에서 우레탄 계열의 탄성재와 그리스를 동시에 주입하여 우레탄 계열의 탄성재가 기능을 전혀 발휘할 수 없도록 시공되고 있는데 이는 설치목적을 달성할 수 없도록 하는 것이다. 우레탄 계열의 탄성재와 그리스의 주입시기를 달리하여 우레탄계열의 탄성재가 본래의 기능을 발휘할 수 있도록 시공되어야 하는 것이다.

그림 (b)는 지하수에 대응하기 위해 트럼펫과 고무계열의 패킹을 설치하는 경우이다. 이런 경우 시공의 정밀도가 요구되며 패킹재의 선택이 중요하다. 그림 6.4(c)의 경우 지하수 유입의 원인이 되는 스리브 하부로부터 원천적으로 지하수 유입을 차단하므로 차수효과가 높아 최근 널리 적용되고 있는 방법이다.

지반앵커의 정착두부 방·부식처리방법은 인장재의 종류와 구조물의 형식에 따라 세심하게 검토되어야 한다.

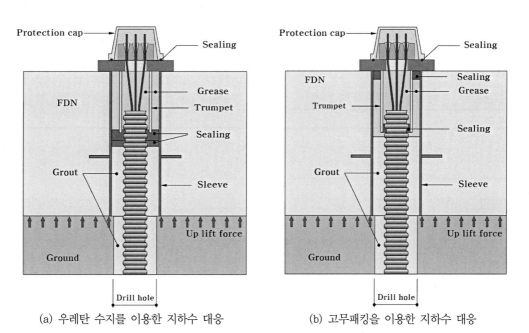

(a) 우레탄 수지를 이용한 지하수 대응   (b) 고무패킹을 이용한 지하수 대응

그림 6.4 다양한 정착두부의 지하수 대응 방법

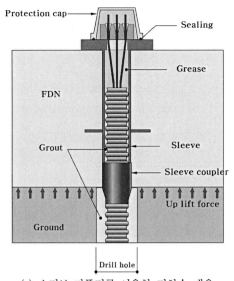

(c) 스리브 커플러를 이용한 지하수 대응

그림 6.4 다양한 정착두부의 지하수 대응 방법(계속)

CHAPTER 07 유지관리

CHAPTER 07 유지관리

7.1 일반사항

지반앵커가 적용된 구조물의 유지관리 목적은 구조물의 건전성을 확보하여 사용성을 확보하고 유지시킬 수 있도록 하기 위한 것이다.

앵커가 설치된 구조물의 유지관리 방법은 설치된 앵커의 건전성을 평가하여 구조물의 안정성을 확보하는 방법과 구조물의 변위를 측정함으로써 설치된 앵커의 건전성을 평가하는 방법으로 구분할 수 있다.

깊은굴착에 적용된 가설앵커의 경우 토류벽체의 변위와 지반앵커의 보유응력 관계를 해석하여 토류벽체의 안정성을 평가하게 되며, 수압대응, 사면보강 등 영구구조물에 적용되는 영구앵커의 경우 설치된 지반앵커의 보유응력을 측정하여 앵커구조물의 안정성을 평가하게 된다.

구조물의 변위를 통한 안정성 평가 방법은 기본적으로 설치된 앵커의 실제 보유응력을 정확히 확인할 수 없다는 현실적인 제약 때문에 구조물의 변위를 통한 역해석의 의미로 안정성을 평가하는 것이다.

지반앵커가 적용된 구조물에 대한 가장 확실한 안정성 평가방법은 설치된 앵커의 보유응력을 직접 확인하고 변위와의 관계를 역해석할 수 있다면 가장 정확한 평가가 이루어질 수 있을 것이다.

1) 시공기록의 보존

지반앵커의 유지관리를 위해서는 시공된 앵커의 유형 및 제원, 지반조건, 그라우트 주입 기록 등과 관계되는 시공기록의 보존이 중요하며 지반앵커의 이상거동에 대하여 원인을 파악하고 대책을 강구하기 위한 필수사항들이다.

지반앵커는 정착유형 및 시공조건들에 따라 응력손실에 대한 원인이 다르며 이는 동일한 응력손실에 대해서도 앵커 정착유형에 따라 대책이 다르게 수립되어야 하기 때문이다.

2) 지반앵커의 계측

영구앵커의 경우 설치 후 사용기간 동안 유지관리를 위한 장기계측이 필요하다. 장기계측의 목적은 설치된 앵커가 설계앵커력을 유지하고 있는지 여부와 부식 등 구성요소 손상 여부이다.

장기계측은 보통 설치된 앵커의 3~5% 정도 수량으로 확인하며 보유응력을 측정하는 방법은 로드셀(load cell)에 의한 방법과 리프트 오프(lift-off) 시험을 통한 방법, 최근에 개발된 상대변위를 이용한 측정방법이 있다.

로드셀에 의한 지반앵커의 보유응력 확인은 앵커 시공단계에서 로드셀이 설치되어야 하므로 사전에 구조물의 중요도, 장기계측의 목적 등을 고려하여 설치 개소를 결정해야 한다. 반면 리프트 오프 시험을 통한 방법은 필요시 언제나 확인할 수 있다는 장점이 있으나 재인장형 정착구의 적용이 필수적이다.

또 다른 방법으로는 최근 개발된 보유응력 자가진단 시스템이다. 이 방법은 지반앵커 정착장과 앵커 정착두부 간의 상대변위를 측정하여 지반앵커의 보유응력을 평가하는 방법으로 별도의 계측이나 시험 없이 간단하게 보유응력 측정이 가능한 방법이다.

또한 설치된 지반앵커 전체에 대한 보유응력 측정이 가능하므로 향후 적용이 늘어날 것으로 전망된다.

로드셀에 의한 계측에서 많이 사용하는 로드셀은 진동현식과 전기저항식이 있으며 장기계측을 위한 로드셀은 현장의 기후변화, 기상조건에 의한 훼손 등을 고려할 때 진동현식을 적용하는 것이 유리하다.

지반앵커의 장기계측을 위한 모니터링 계획에서 로드셀의 설치위치는 중요하다.

로드셀의 설치위치는 가급적 설계단계에서 해석됐던 대표단면에 대하여 설치하는 것이 유리하다. 이는 로드셀의 설치목적이 단순히 앵커의 보유응력 확인에 국한하는 것이 아니고 계측결과에 의한 역해석을 통해 앵커가 설치된 구조계의 안정성을 검토하고 대책을 수립할 수 있도록 하는 것이다.

간혹 잘못된 계측계획으로 얻어진 계측자료를 통해 앵커의 안정성은 확인할 수 있으나 앵커가 설치된 구조계의 안정성을 확인하지 못하는 경우가 생긴다. 이런 경우 장기계측의 중요한 한 가지 목표를 달성하지 못하는 것이다.

7.2 보유응력의 측정

설치된 지반앵커의 보유응력을 확인할 수 있는 방법은 다음과 같은 세 가지 방법이 있다.

1) 로드셀(Load cell)에 의한 계측

로드셀에 의한 지반앵커 보유응력 측정을 위한 표본조사의 개념으로 적용되는 가장 일반적인 방법이며 전기저항식과 진동현식의 두 가지 종류가 주로 사용되고 있다.

로드셀이 가설앵커에 설치되는 경우는 문제없으나 영구앵커에 설치되는 경우 장기적인 안정성 및 내구성을 고려할 때 진동현식이 유리하다. 전기저항식의 경우 기상조건 등 외부환경에 의한 영향이 큰 단점이 있으며 진동현식의 경우도 기상조건 등 외부 환경에 의한 영향이 오차로 나타나게 되므로 적절한 보호대책이 필요하다.

사진 7.1 로드셀(Load cell)

2) 리프트 오프 시험(Lift-off test)

지반앵커의 보유응력을 확인하기 위한 리프트 오프 시험의 기본원리는 간단하다.

설치된 지반앵커의 인장력에 대응하는 하중-변위 곡선을 이용하여 보유응력을 확인하는 것이다. 사진 7.2는 리프트 오프 시험 모습이며 그림 7.1은 리프트 오프 시험을 통한 보유응력 판정방법을 보여주는 것이다.

(a) 리프트 오프 시험

(b) 정착두부의 변위 발생

(c) 사면에서의 리프트 오프 시험

사진 7.2 리프트 오프(Lift-off) 시험

그림 7.1에서 리프트 오프 시험과정 중 (a)구간의 변위를 정확하게 읽어내기는 쉽지 않다. 이론적으로는 시험과정에서 보유응력에 도달하기 전까지는 변위가 발생하지 않아야 한다. 즉, (a)과정의 변위는 시험장치의 세팅에 의한 변위가 나타나는 것으로 아주 미세하고 불규칙적으로 나타난다. 이후 지반앵커의 보유응력 이상의 하중단계에서 인장재에 긴장력이 도입되므로 당초 인장단계에서 나타났던 하중-변위곡선(자유장의 탄성곡선)의 기울기(θ_1)와 동일한 변위곡선(θ_2)이 나타난다. 즉, 그림 7.1의 (b)구간과 같은 변위곡선을 얻을 수 있으며 이 곡선을 이용하여 보유응력을 확인할 수 있는 것이다.

실제 현장시험에서는 (b)구간의 기록도 필요하지 않게 되는데 이는 (b)구간이 시작되기 전에 사진 7.2 원형부분과 같이 정착두부의 변위가 시작되며 육안에 의해 확인되기 때문이다.

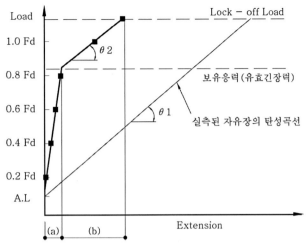

그림 7.1 리프트 오프 시험에 의한 보유응력 판정

• 리프트 오프 시험결과의 평가

리프트 오프 시험결과 지반앵커의 보유응력이 설계하중에 미치지 못하는 경우 앵커의 최대 정착 능력을 확인하기 위해 추가 인장력을 재하하는 경우가 종종 있다.

그림 7.2에서 (b)구간의 기울기가 ①의 경우처럼 인장단계에서 나타났던 하중−변위 곡선의 기울 기(θ_1)와 동일하게 나타난다면 추가 인장력을 재하해도 문제가 없다. 그러나 ②의 경우와 같이 기울 기가 달라지는 경우 추가 인장을 중지하여야 한다.

그림 7.2에서 (c)구간은 지반앵커의 정착장 또는 인장재 등 구성요소가 어떠한 이유로 극한상태를 넘어서고 있음을 나타내는 것이다. ②의 경우에서 추가인장을 계속할 경우 결국에는 정착장이 인발 되거나 인장재가 파단되어 앵커의 기능을 상실하게 된다.

시험과정에서 ③의 경우와 같이 나타나기도 하는데 이는 시험에서 나타난 보유응력이 설치된 앵커의 최대 정착력과 동일하다는 것을 보여주는 것이다. 이 경우에 설계인장력 확보를 위한 재인장 은 무의미해진다.

시험과정에서 특히 유의할 것은 추가 하중단계에서 얻어지는 탄성곡선의 기울기(θ_2)는 실측된 자유장에 의한 탄성곡선의 기울기(θ_1)보다 클 수 없으며 또 (c)구간의 기울기(θ_3)는 추가 하중단계 에서 얻어지는 탄성곡선의 기울기(θ_2)보다 클 수 없다. 즉, 시험 전 과정에서 $\theta_1 \geq \theta_2 \geq \theta_3$, $\theta_1 \simeq \theta_2 \geq \theta_3$의 조건이 만족되어야 한다는 것이다. 시험과정에서 이 조건이 만족되지 않았다면 시험장비의 오차 또는 계측과정의 오차 등에 의한 것으로 시험결과를 평가할 수 없게 된다.

간혹 ④와 같은 경우도 나타나는데 이런 경우 지반앵커의 보유응력을 확인할 수 없으며 원인은 지반앵커 필수 구성요소 중 하나인 자유장 부분이 제대로 형성되지 않았음을 보여주는 것이다. 지반앵커 시공 중 자유장 길이가 설계길이보다 짧게 시공되었거나 어떤 이유로 인해 자유장 부분을 보호하는 피복재가 훼손되어 인장재와 그라우트가 부착되어 있음을 의미하며 실제 인장작업 단계에서 측정된 늘음량에 의한 유효 자유장이 거의 나타나지 않았을 것이다.

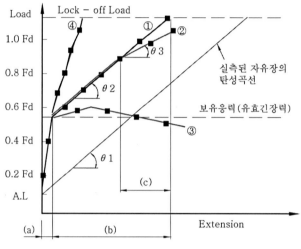

그림 7.2 리프트 오프 시험 결과의 평가

표 7.1 리프트 오프 시험 결과의 평가

구분	특성	평가
① 경우	$\theta_1 \simeq \theta_2 \simeq \theta_3$	정상적인 경우로 재인장에 의한 설계앵커력 확보 가능
② 경우	$\theta_1 \simeq \theta_2 \geq \theta_3$	정착장의 creep 등 최대정착력을 발휘하고 있는 상태로 추가 인장 중지
③ 경우	$\theta_2, \theta_3 \leq 0$	현재 상태가 최대 정착력 단계로 추가하중 재하 불가능
④ 경우		보유응력 판단 불가

3) 보유응력 자가진단 시스템(상대변위를 이용한 보유응력 측정)

최근 국내에서 개발된 지반앵커의 보유응력 자가진단 방법으로 지반앵커 정착장과 정착두부 간의 상대변위를 측정하여 보유응력을 확인하는 시스템으로 측정원리가 단순하고 설치된 앵커의 전수조사가 가능하다는 큰 장점이 있으며 7.3절에서 자세히 설명한다.

7.3 보유응력 자가진단(상대변위를 이용한 보유응력 측정)

최근 국내 개발된 지반앵커 보유응력 측정방법으로 원리가 간단하며 추가 비용이 발생하지 않고 설치되는 모든 앵커에 대한 보유응력 측정을 손쉽게 할 수 있는 새로운 개념의 지반앵커 보유응력 측정방법이다.

기존의 로드셀에 의한 보유응력 측정은 초기 설치비용이 많이 들고 주기적으로 관리해야 한다는 단점이 있으며 표본조사의 한계가 있다. 즉, 초기 계획단계에서 로드셀의 개소를 결정할 때 설치비용 등이 고려되어 보통 3~5% 정도 적용되는 것이 일반적이다.

또 다른 방법으로 리프크 오프(lift-off) 시험에 의한 보유응력의 측정방법이 있지만 시험에 따른 비용 때문에 실제 어떠한 불리한 조짐이 나타나기 전까지는 많이 시행되지 않고 있는 실정이다.

기존의 이러한 방법들은 설치비용 및 유지관리 비용으로 인하여 최소한의 계측과 시험에 의존하여 지반앵커의 건전도를 추정할 수밖에 없었으나 자가응력 진단방법은 지반앵커의 보유응력 측정을 위한 별도의 추가비용이 없고, 측정원리가 비교적 단순하며 설치되는 모든 앵커에 대한 보유응력의 전수조사가 가능하다는 장점이 있다.

또한 앵커의 보유응력에 대한 관리기준을 설정하면 앵커 스스로가 보유응력 상태를 표현하는 방법으로 향후 지반앵커 전반에 걸쳐 적용될 수 있는 경제적이고 효율적인 방법이다.

1) 기본원리

보유응력 자가진단 방법의 기본원리는 그림 7.3과 같다. 그림에서 지반앵커의 응력변화는 자유장 부분의 하중-변위 곡선으로 나타난다. 즉, Hook의 법칙에 의한 인장재의 재료특성과 길이에 관계되어 비례관계로 나타나는 것이다.

지반앵커 설치 후 보유응력의 변화는 설치단계에서 정착하중에 대하여 발생한 자유장 구간의 변위로 나타나게 된다. 즉, 지반앵커 정착장 상단부와 정착두부 간의 상대변위로 나타나게 되는 것이다.

지반앵커에서 보유응력 손실의 가장 큰 원인은 정착장의 변위(그림 7.3 ③)와 정착두부의 침하(그림 7.3 ④)이며 이 두 가지 요인에 의한 상대변위는 그림 7.3의 ⑤로 나타나게 된다. 즉, 정착장부와 정착두부 간의 상대변위(⑤)를 측정하여 지반앵커의 보유응력을 확인할 수 있다.

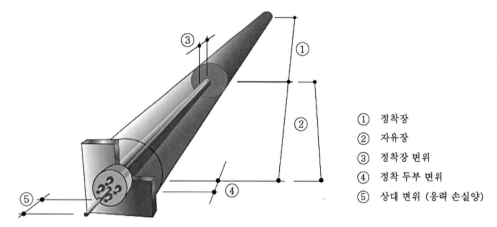

① 정착장
② 자유장
③ 정착장 변위
④ 정착 두부 변위
⑤ 상대 변위 (응력 손실양)

그림 7.3 보유응력 자가진단 측정의 기본원리

2) 응력손실 판정

그림 7.3에서 지반앵커의 응력손실(ΔF)는 지반앵커 정착장과 정착두부 간의 상대변위(Δl)와 관계가 있으며 상대변위(⑤)와 자유장 길이(②)를 이용하여 손실응력을 계산할 수 있다.

즉, 손실응력(ΔF)은 식 (7.1)을 이용하여 계산할 수 있다.

$$\Delta l = \frac{\Delta F L_f}{E_s A_s}, \quad \Delta F = \frac{\Delta l E_s A_s}{L_f} \tag{7.1}$$

여기서, Δl : L_f : 자유장 길이, E_s : 인장재 탄성계수,

A_s : 인장재 단면적, ΔF : 손실응력

3) 관리기준 설정 및 보유응력 판정

그림 7.4에서와 같이 비탈면 보강에 적용된 지반앵커의 경우 비교적 간단하게 관리기준을 설정하여 지반앵커의 안정성을 확인할 수 있다.

그림 7.4(a)에서 지반앵커는 인장작업 중 재하되는 하중에 대한 늘음량이 발생하고 늘음량과 하중은 비례관계를 나타낸다. 이때 지반앵커의 허용응력 손실기준을 정해두면 그림 7.4(b)와 같이 허용변위가 초과되는 경우 초과변위에 대응하여 설치된 시그널 캡이 이탈되어 스스로 경보하며 이후 발생하는 추가 변위량을 측정함으로 보유응력을 판정할 수 있게 된다.

그림 7.5는 지반앵커 보유응력의 자가진단 및 유지관리를 위한 흐름을 보여준다.

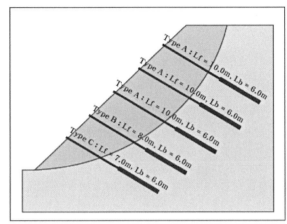

Type	Fw	Lf	Lb	늘음량	⊿F/mm
A	400kN	10.0m	6.0m	64mm	6.3 kN
B	400kN	8.0m	6.0m	52mm	7.7 kN
C	400kN	7.0m	6.0m	48mm	8.3 kN

관리기준 설정 (20% 허용)

허용응력손실 : ⊿F = 0.2x400=80 kN

허용변위량 계산

A type : 80 / 6.3 = 12.7 mm

B type : 80 / 7.7 = 10.4 mm } 10.0 mm 적용

C type : 80 / 8.3 = 9.6 mm

(a) 관리기준 설정

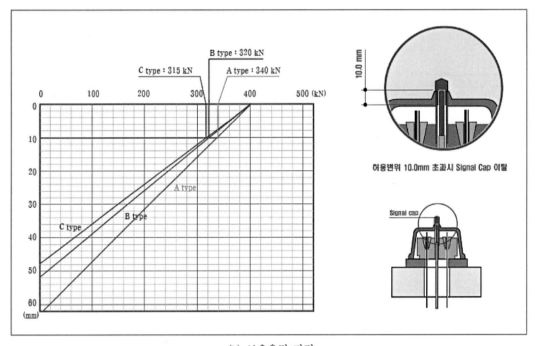

(b) 보유응력 판정

그림 7.4 관리기준 설정 및 보유응력 판정

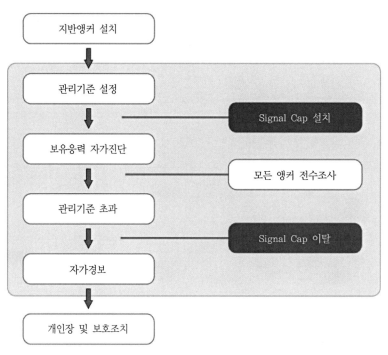

그림 7.5 보유응력 자가진단 및 유지관리 절차

7.4 지반앵커의 재인장

지반앵커에 있어서 재인장(restressing)은 무조건적인 재인장을 의미하는 것은 아니다. 보통 지반앵커에서 재인장이라 함은 설계단계에서 고려하지 못한 변수와 시공조건과 설계조건의 불가피한 차이에 대응하기 위한 것으로 재인장이 필요한 경우는 보통 다음과 같다.

① 앵커 인장 후 당초 설계조건대비 현장조건이 상이하여 추가하중이 요구되는 경우로 당초 설계 하중의 10~15% 범위에서 재인장하여 외적 안정성 확보
② 앵커 설치 후 지반의 크리프 등 장기손실이 발생한 경우 10~15% 범위에서 재인장을 실시하여 외적 안정성 확보
③ 구조물의 변위 발생, 사면의 인장균열 등 안전진단이 필요한 경우 역해석에 의해 앵커의 추가 하중 필요시 재인장을 실시하여 외적 안정성 확보

또한 지반앵커의 재인장 범위는 인장재의 항복하중 이내에서 고려되어야 하며 인장재에 가할 수 있는 최대인장력이 $0.8f_{us}$ 또는 $0.94f_y$를 넘지 않아야 하고 인장재의 안전율을 고려한 설계하중이 $0.6f_{us}$을 넘지 않아야 하는 점을 고려하면 인장재의 극한하중대비 20% 이내에서 재인장되어야 하며 설계하중을 기준으로 할 때 약 30%의 재인장 여유가 있는 것이다.

그러나 인장재의 사용성을 고려한 기준에 의하면 긴장력 도입 직후 인장재의 허용응력은 $0.74f_{us}$ 또는 $0.82f_y$를 넘지 않도록 정하고 있다. 이 경우 항복하중대비 약 15%의 재인장 여유가 있는 것이다. 즉, 인장재의 항복하중과 설계하중 관계에서 앵커의 사용성을 고려할 때 재인장 범위는 설계하중의 15%를 넘지 않도록 관리되어야 하는 것이다.

이러한 이유로 재인장형 정착구는 설계하중 대비 15% 정도의 추가 재인장 여유를 갖도록 하는 것이 일반적이며 인장재에 적용된 안전율과도 밀접한 관계가 있다.

일부 현장에서 설계하중 대비 15~20% 이상의 응력손실이 생긴 경우가 있는데 이런 경우 재인장을 하더라도 설계앵커력을 지속적으로 유지하기 어렵다. 즉, 어느 허용범위 이상 응력손실이 생긴 경우는 앵커의 구성요소 중 한 가지 이상이 이미 기능을 상실한 것으로 재인장을 실시해도 앵커의 장기적인 안정성 확보가 어려운 것이다.

허용범위 이상 응력손실이 생긴 지반앵커에 재인장을 실시하여 설계하중을 유지시킨 경우에는 지속적인 계측을 통해 응력의 수렴과정을 확인하고 설계앵커력과 비교하여 역해석 등을 통한 대책이 수립되어야 한다.

어느 허용범위 이상 응력손실이 생긴 앵커에 대하여 재인장을 실시하면 그림 7.6과 같이 재인장 주기 및 응력손실 주기가 짧아지며 결국에는 정착구의 재인장 한계 때문에 재인장이 불가능한 상황에 도달한다. 결국 앵커는 설치된 조건에서 발휘 가능한 스스로의 정착력에 수렴하게 된다. 이때 무리한 재인장을 실시하여 정착구의 재인장 범위를 넘어서는 변위가 생긴 경우 정착이 불가능하여 앵커의 기능을 완전히 상실하게 되므로 주의하여야 한다.

그림 7.6에서 T1, T2, T3의 재인장 단계에서 인장재의 변위는 누적되어 나타나며 이때 누적변위와 정착구의 재인장 허용범위를 검토하여 재인장 계획이 수립되어야 하는 것이다.

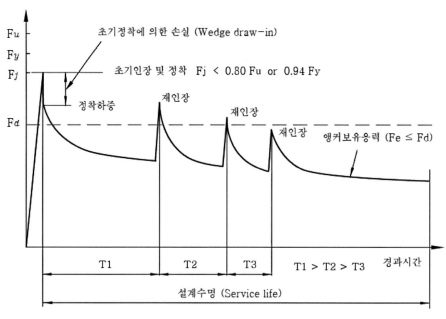

그림 7.6 재인장에서 하중-변위 관계

7.5 재인장형 정착구의 재인장 한계

지반앵커에 적용되는 재인장형 정착구의 재인장 원리는 크게 두 가지로 설명된다.

정착헤드에 나사를 가공하여 볼트와 너트의 원리를 이용하여 지반앵커의 손실된 응력을 확보하는 방법과 정착헤드를 재인장하여 정착헤드와 지압판의 사이에 추가 재인장을 통해 나타나는 변위에 대응하는 지압판을 설치하여 손실된 응력을 보정할 수 있도록 하는 것이다. 또한 재인장 방법을 볼 때 재인장을 위한 인장재의 여유길이가 필요한 형식과 여유길이가 불필요한 두 가지 유형으로 구분된다.

그림 7.7은 일반적로 많이 사용되는 볼트와 너트의 원리를 이용한 재인장형 정착구의 재인장 원리와 재인장 한계를 보여준다.

그림 7.7에서 재인장은 재인장 여유길이(a)를 이용하여 재인장한 후 정착헤드 외부의 너트를 회전하여 정착토록 하는 것이다. 이때 재인장 한계는 그림 7.7(b)의 '(c) 재인장한계'에 표시된 바와 같이 지반앵커의 작용력이 정착헤드에 가공된 볼트와 너트의 전단강도를 넘지 않도록 제한되어야 한다.

또 다른 방법으로 그림 7.8과 같이 재인장을 위한 인장재의 여유길이가 불필요한 경우로 여유길이 보호를 위한 조치가 필요하지 않다는 장점이 있다.

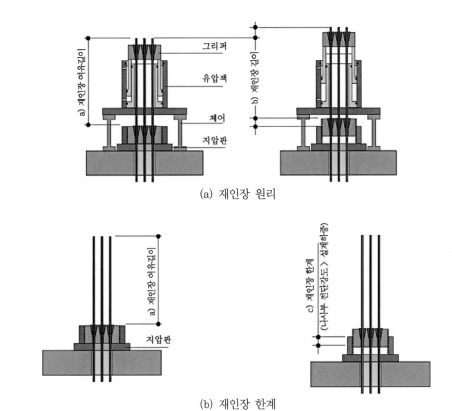

(a) 재인장 원리

(b) 재인장 한계

그림 7.7 재인장 원리와 재인장 한계

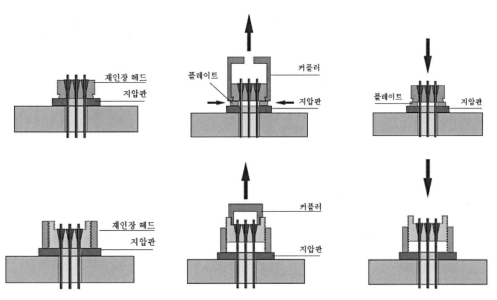

그림 7.8 재인장을 위한 인장재 여유고가 불필요한 경우

7.6 시공기록의 보존

지반앵커의 유지관리를 위해서는 시공된 앵커의 유형 및 제원, 지반조건, 그라우트 주입기록 등과 관계되는 시공기록의 보존이 중요하며 지반앵커의 이상거동에 대하여 원인을 파악하고 대책을 강구하기 위한 필수사항들이다.

지반앵커는 정착유형 및 시공조건에 따라 응력손실의 원인이 다르며 동일한 응력손실에 대해서 대책이 다르게 수립되어야 하기 때문이다.

특히 영구앵커로 적용되는 경우 사용기간이 길며 유지관리 대책이 수립되어야 한다. 이때 시공기록의 보존은 유지관리를 위한 기초자료가 된다.

지반앵커공사 종료 후 보존되어야 하는 시공기록은 표 7.2와 같다.

표 7.2 지반앵커 시공기록

구분	주요 검토 사항	비고
앵커제원	앵커의 배치, 앵커 유형, 설계하중 인장재 규격, 자유장 정착장 길이	설계도서
천공 및 그라우팅 기록	대상지반조건 천공경 및 천공심도 그라우트 배합비 및 주입량	천공 및 그라우팅 보고서
인장기록	유압장비 제원 설계기준 늘음량 관리기준 실측된 늘음량 곡선	시험보고서 및 인장보고서

CHAPTER 08 지반앵커의 적용

CHAPTER
08 지반앵커의 적용

8.1 흙막이 앵커

흙막이 공사에서 토류벽체의 지지공법으로 적용되는 지반앵커는 거의 가설앵커로 사용되고 있으며 최근에는 인접 사유지 침범에 따른 민원, 지하 환경오염 등의 문제로 제거식 앵커의 적용이 일반적이며 제거식 앵커공법에 있어서는 국내의 기술이 감히 세계 최고라 할 만큼 다양한 기술이 개발되어 있다.

흙막이 공사에서 사용되는 제거식 앵커공법은 인장재를 제거하기 위한 특수한 기능을 부여하는 반면에 충분한 인장력을 확보하기 어려운 단점이 간혹 나타난다. 따라서 제거식 앵커의 선정에서 제거원리 외에 앵커의 정착력을 충분히 확보할 수 있는가를 검토하여야 한다.

그림 8.1은 앵커가 적용된 흙막이 벽체의 일반적인 파괴형태를 보여주는 것이다.

그림에서 파괴형태는 토류벽 전체의 외적 안정성이 확보되지 않아 파괴되는 경우와 지반앵커의 내적 안정이 부족하여 파괴되는 경우로 구분해서 고려할 수 있다. 그림 8.1에서 (a)와 (b)의 경우는 토류벽체의 안정성이 부족한 경우이며 (c)와 (d)의 경우는 지반앵커의 자유장 길이가 부족한 경우, 즉 지반앵커의 내적 안정성이 확보되지 않은 경우이다.

스트러트 공법과 다르게 토류벽체의 지지공법으로 지반앵커공법을 적용할 때 특히 유의해야 할 사항은 벽체의 근입깊이 및 지지력 검토에서 앵커 인장력에 대한 수직성분을 고려하여야 한다는 것이다.

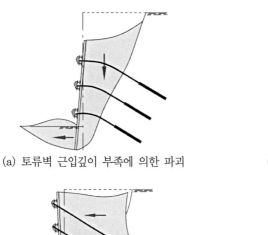

(a) 토류벽 근입깊이 부족에 의한 파괴   (b) 토류벽 지지력 부족에 의한 파괴

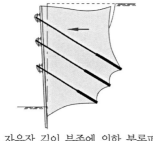
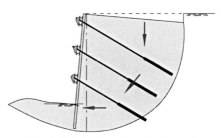

(c) 자유장 길이 부족에 의한 불록파괴   (d) 앵커길이 부족에 의한 활동파괴

그림 8.1 앵커가 적용된 토류벽체의 파괴형태

통상, 흙막이 벽체의 안정검토 방법은 관용계산법과 탄·소성 해석법, 유한요소법이 있으나 거의 대부분 단계별 굴착에 의한 탄·소성 해석법 또는 유한요소법에 의해 검토되고 있다. 탄·소성 해석에 의한 토류벽체 검토에서 단계별 굴착 외에 지지 구조체의 해체 순서에 따른 안정성 검토가 필수이며 대부분의 경우 해체단계에서 가장 불안정한 상태가 되는 경향을 보인다.

흙막이 공법에 적용되는 지반앵커에서 중요하게 검토되어야 할 내용은 표 8.1과 같다.

표 8.1 흙막이 앵커에서 주요 검토사항

구분	주요 검토 사항
단계별 굴착에 따른 토류벽체의 안정성	지지하중의 결정
토류 구조물의 외적 안정성	앵커공법의 경우 자유장 길이 및 정착장의 위치 결정
지반앵커의 내적 안정	인장재 산정, 정착장 산정, 자유장 길이 결정, 초기인장력 결정, 늘음량 관리기준 결정
흙막이 부재 및 정착 두부의 안정	띠장의 안정 검토, 브라켓의 안정 검토, 지압판 안정 검토

사진 8.1은 앵커가 적용된 흙막이 공법에서 앵커 정착을 위한 띠장의 설치모습이며 띠장의 형식은 지반앵커의 품질확보에 영향이 크다.

단독띠장의 경우 지반앵커의 설치오차, 즉 그림 4.2에 설명한 인장재의 직진성에 대한 오차 적응성이 떨어진다.

최근에는 지반앵커의 직진성을 확보하기 위한 다양한 형식의 브라켓이 개발되어 사용되고 있다.

(a) 더블 띠장   (b) 단독 띠장

사진 8.1 가설앵커의 띠장 설치 예

• 가설 흙막이에 적용된 가설앵커 설계 예

그림 8.2와 같이 흙막이 임의단면에서 엄지말뚝 토류판+지반앵커공법이 적용된 토류벽 해석결과 필요한 앵커력이 결정되었다고 하면,

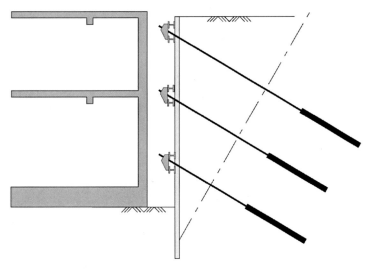

그림 8.2 토류벽 검토 단면

구분	1단	2단	3단
Earth anchor 설계축력	300kN	340kN	380kN

1) 인장재 검토

- 인장재 제원(KS D7002 SWPC 7B Low relaxation 스트랜드)

    공칭 직경(mm) : 12.7   공칭 단면적(mm^2) : 98.7

    극한하중(kN) : 183   항복하중(kN) : 156

    탄성계수 : $2.0 \times 105MPa$

    70% 초기하중에서 1,000시간 후 리렉세이션 : 2.5% 이하

- 필요 강선 수

$$1단 : n_1 = \frac{F_d}{0.6 f_{us}} = \frac{300}{0.6 \times 183} = 2.73 \quad n_1 = 4가닥\ 적용$$

$$2단 : n_2 = \frac{F_d}{0.6 f_{us}} = \frac{340}{0.6 \times 183} = 3.10 \quad n_2 = 4가닥\ 적용$$

$$3단 : n_3 = \frac{F_d}{0.6 f_{us}} = \frac{380}{0.6 \times 183} = 3.46 \quad n_3 = 4가닥\ 적용$$

2) 정착장 계산

- 천공직경 검토(D=100mm적용)

$$\frac{A_s}{A_D} \leq 0.15 \quad 만족\ 여부\ 검토$$

$$A_s = 98.71 \times 4 = 394.84 mm^2, \quad A_D = \frac{\pi D^2}{4} = \frac{\pi \times 100^2}{4} = 7,850 mm^2$$

$$\frac{A_s}{A_D} = \frac{394.84}{7,850} = 0.05 \leq 0.15 \quad O.K$$

- 지반/그라우트 마찰저항 : 정착지반조건 사력 N ≥ 40 적용

$$1단 : L_{b1} = \frac{F_d \times S.F}{\pi \times D \times \tau_u} = \frac{300 \times 2.0}{\pi \times 0.10 \times 400} = 4.78m \quad 5.0m\ 적용$$

$$2단 : L_{b2} = \frac{F_d \times S.F}{\pi \times D \times \tau_u} = \frac{340 \times 2.0}{\pi \times 0.10 \times 400} = 5.41\text{m} \quad 6.0\text{m 적용}$$

$$3단 : L_{b2} = \frac{F_d \times S.F}{\pi \times D \times \tau_u} = \frac{380 \times 2.0}{\pi \times 0.10 \times 400} = 6.05\text{m} \quad 6.5\text{m 적용}$$

‒ 정착체/그라우트 부착저항(정착체 직경 : 52mm)

$$1단 : L_{b1'} = \frac{F_d}{\pi \times D \times n \times \tau_a} = \frac{300}{\pi \times 0.052 \times 4 \times 2,000} = 0.23\text{m} = 23\text{cm}$$

$$2단 : L_{b1'} = \frac{F_d}{\pi \times D \times n \times \tau_a} = \frac{340}{\pi \times 0.052 \times 4 \times 2,000} = 0.26\text{m} = 26\text{cm}$$

$$3단 : L_{b1'} = \frac{F_d}{\pi \times D \times n \times \tau_a} = \frac{380}{\pi \times 0.052 \times 4 \times 2,000} = 0.29\text{m} = 29\text{cm}$$

정착체 길이 32cm 적용

3) 자유장 검토

지반앵커의 자유장은 풀아웃에 대한 안정 및 스트레싱을 위한 최소길이를 고려하며 도상에서 결정한다.

$$L_{f1} = 9.0\text{m}, \; L_{f2} = 8.0\text{m}, \; L_{f3} = 6.0\text{m} \;\; 적용$$

4) 초기인장력 산정

초기인장력은 설계하중에 정착장치에 의한 손실, 지반의 장기 크리프 특성, 인장재의 리렉세이션 손실을 고려하여 결정한다.

복합형 앵커에서는 정착장치에 의한 손실이 고려된 초기인장력 계산은 그림 8.3과 같이 정착제의 배열을 고려한 자유길이를 적용하여야 한다.

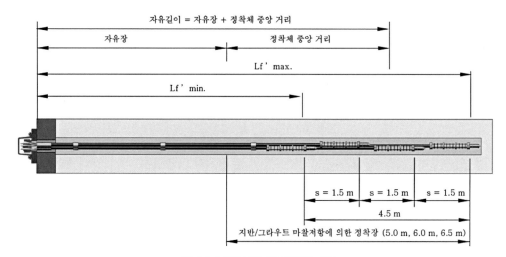

자유길이 = 자유장 + 정착체 중앙 거리

자유장

정착체 중앙 거리

Lf ' max.

Lf ' min.

s = 1.5 m   s = 1.5 m   s = 1.5 m

4.5 m

지반/그라우트 마찰저항에 의한 정착장 (5.0 m, 6.0 m, 6.5 m)

그림 8.3 복합형 앵커의 정착체 배열

－ 정착장치에 의한 손실(Wedge draw-in : 6.0mm)

　　1단 : 자유길이 = 9.0 + (5.0−2.25) = 11.75m

$$\Delta p_{s1} = \frac{\Delta l \times A_s \times n \times E_s}{L_f} = \frac{6.0 \times 98.71 \times 4 \times 2.0 \times 10^5}{11.75 \times 1,000} = 40.32\text{kN}$$

　　2단 : 자유길이 = 8.0 + (6.0−2.25) = 11.75m

$$\Delta p_{s1} = \frac{\Delta l \times A_s \times n \times E_s}{L_f} = \frac{6.0 \times 98.71 \times 4 \times 2.0 \times 10^5}{11.75 \times 1,000} = 40.32\text{kN}$$

　　3단 : 자유길이 = 6.0 + (6.5−2.25) = 10.25m

$$\Delta p_{s1} = \frac{\Delta l \times A_s \times n \times E_s}{L_f} = \frac{6.0 \times 98.71 \times 4 \times 2.0 \times 10^5}{10.25 \times 1,000} = 46.23\text{kN}$$

－ 리렉세이션에 의한 손실 2.5%와 지반의 크리프특성에 의한 손실 2.5%를 고려하여 장기손실
5%를 적용하면, 적용 가능한 초기인장력(F_j)의 최대값은

$$F_{j\max.} = 0.8 \times f_{us} \times n = 0.8 \times 183 \times 4 = 589.6\text{kN}$$

　　1단 : $F_{final} = (F_{j\max.} - \Delta p_{s1}) \times (1.0 - 0.05)$

$$= (589.60 - 59.23) \times (1.0 - 0.05) = 503.28\text{kN}$$

인장재 극한하중의 55%를 적용하면

$$F_j = 0.55 \times f_{us} \times n = 0.55 \times 183 \times 4 = 402.6\text{kN}$$

$$F_{final} = (F_j - \Delta p_{s1}) \times (1.0 - 0.05) = (402.6 - 40.32) \times (1.0 - 0.05)$$

$$= 344.16\text{kN} \geq 300\text{kN} \quad \text{O.K}$$

설계하중 조건을 만족하므로 초기인장력은 $F_j = 403\text{kN}$ 을 적용한다.

$$2단 : F_{final} = (F_{j\max.} - \Delta p_{s1}) \times (1.0 - 0.05)$$

$$= (589.60 - 59.23) \times (1.0 - 0.05) = 503.28\text{kN}$$

인장재 극한하중의 60%를 적용하면

$$F_j = 0.60 \times f_{us} \times n = 0.60 \times 183 \times 4 = 439.20\text{kN}$$

$$F_{final} = (F_j - \Delta p_{s1}) \times (1.0 - 0.05) = (439.20 - 40.32) \times (1.0 - 0.05)$$

$$= 378.94\text{kN} \geq 340\text{kN} \quad \text{O.K}$$

설계하중 조건을 만족하므로 초기인장력은 $F_j = 440\text{kN}$ 을 적용한다.

$$3단 : F_{final} = (F_{j\max.} - \Delta p_{s1}) \times (1.0 - 0.05)$$

$$= (589.6 - 59.23) \times (1.0 - 0.05) = 503.28\text{kN}$$

인장재 극한하중의 65%를 적용하면

$$F_j = 0.65 \times f_{us} \times n = 0.67 \times 183 \times 4 = 475.80\text{kN}$$

$$F_{final} = (F_j - \Delta p_{s1}) \times (1.0 - 0.05) = (475.80 - 46.23) \times (1.0 - 0.05)$$

$$= 408.09\text{kN} \geq 380\text{kN} \quad \text{O.K}$$

설계하중 조건을 만족하므로 초기인장력은 $F_j = 476\text{kN}$ 을 적용한다.

가설 흙막이구조물에서 지반앵커의 초기인장력이 설계축력에 비해 과도할 경우 토류 벽체의 부재력(전단력, 모멘트)에 영향을 미치게 된다. 따라서 수치해석 결과에 근거하여 약간의 여유를 갖도록 해야 하며 초기인장력 및 정착하중이 당초 설계축력에 비해 과도한 경우 재해석을 통하여 토류벽체의 안정성을 검토하여야 한다.

5) 늘음량 계산

최근 가설앵커는 제거형 앵커를 사용하며 제거형 앵커는 대부분이 복합형 앵커이다.

또한 복합형 앵커는 인장재 각각을 인장하는 개별인장 방식과 인장재 모두를 동시에 인장하는 방식이 있다. 센터홀 방식의 동시 인장 잭을 사용하여 인장하는 경우 평균 자유길이의 늘음량을 통해 인장재 각각의 안정성을 검토하여야 한다.

인장재에 가해지는 최대인장력이 $0.8f_{us}$ 또는 $0.94f_y$를 넘지 않아야 하고 긴장력 도입 직후 인장 재의 허용응력은 $0.74f_{us}$ 또는 $0.82f_y$를 넘지 않도록 하여야 한다.

또한 늘음량 계산 시 중요하게 고려할 사항은 자유장 길이가 아닌 자유길이를 적용하여야 하는 것이다. 즉, 정착헤드로부터 고정 정착체의 최상단까지의 거리를 최소 자유길이, 최하단 정착체까지의 길이를 최대 길이로 적용해야 한다.

• 복합형 앵커의 늘음량 관리기준

$$\frac{(F_j - F_{a.l})0.9(L_{f'\min.})}{E_s A_s} \le \Delta l_j \le \frac{(F_j - F_{a.l})1.1(L_{f'\max.})}{E_s A_s}$$

– 최소늘음량 : $\Delta l_{\min.} = \dfrac{(F_j - F_{a.l}) \times 0.9 \times L_f + (F_j \times L_j)}{E_s \times A_s}$

이때 $F_{j'} = \dfrac{F_j}{n}$, $L_{f'\min.} = L_t - (n \times s)$를 적용하여야 한다.

$F_{a.l} = 0.05F_{j'}$, 즉 초기 정렬하중을 인장하중의 5%를 적용하고 인장 잭의 길이(L_j) 300mm를 고려하면

$$1단 : F_{j'} = \frac{F_j}{n} = \frac{403}{4} = 100.75\text{kN}$$

$$L_{f'\min.} = (L_f + L_b) - (n \times s) = (9.0 + 5.0) - (3 \times 1.5) = 9.5\text{m}$$

$$\Delta l_{\min.} = \frac{((100.75 - 5.04) \times 0.9 \times 9.5 \times 1,000) + (100.75 \times 300)}{2.0 \times 10^5 \times 98.71} = 42.98\text{mm}$$

2단 : $F_{j'} = \dfrac{F_j}{n} = \dfrac{440}{4} = 110.00\text{kN}$

$L_{f'\min.} = (L_f + L_b) - (n \times s) = (8.0 + 6.0) - (3 \times 1.5) = 9.5\text{m}$

$\Delta l_{\min.} = \dfrac{((110 - 5.5) \times 0.9 \times 9.5 \times 1,000) + (110 \times 300)}{2.0 \times 10^5 \times 98.71} = 46.93\text{mm}$

3단 : $F_{j'} = \dfrac{F_j}{n} = \dfrac{476}{4} = 119.00\text{kN}$

$L_{f'\min.} = (L_f + L_b) - (n \times s) = (6.0 + 6.5) - (3 \times 1.5) = 8.0\text{m}$

$\Delta l_{\min.} = \dfrac{((119 - 6.0) \times 0.9 \times 8.0 \times 1,000) + (119 \times 300)}{2.0 \times 10^5 \times 8.71} = 43.02mm$

– 최대 늘음량 : $\Delta l_{\max.} = \dfrac{(F_j - F_{a.l})1.1(L_{f'\max.})}{E_s A_s}$

이때 $F_{j'} = \dfrac{F_j}{n}$, $L_{f'\max.} = L_t = L_f + L_b$를 적용하여야 한다. $F_{a.l} = 0.05F_{j'}$, 즉 초기 정렬하중을 인장하중의 5%를 적용하고 인장 잭의 길이(L_j) 300mm를 고려하면

1단 : $F_{j'} = \dfrac{F_j}{n} = \dfrac{403}{4} = 100.75\text{kN}$

$L_{f'\max.} = L_t = L_f + L_b = 9.0 + 5.0 = 14.0\text{m}$

$\Delta l_{\max.} = \dfrac{(F_j - F_{a.l})1.1(L_{f'\max.})}{E_s A_s}$

$\Delta l_{\max.} = \dfrac{((100.75 - 5.04) \times 1.1 \times 14.0 \times 1,000) + (100.75 \times 300)}{2.0 \times 10^5 \times 98.71} = 76.19\text{mm}$

2단 : $F_{j'} = \dfrac{F_j}{n} = \dfrac{440}{4} = 110.00\text{kN}$

$L_{f'\max.} = L_t = L_f + L_b = 8.0 + 6.0 = 14.0\text{m}$

$\Delta l_{\max.} = \dfrac{(F_j - F_{a.l})1.1(L_{f'\max.})}{E_s A_s}$

$\Delta l_{\max.} = \dfrac{((110 - 5.5) \times 1.1 \times 14.0 \times 1,000) + (110 \times 300)}{2.0 \times 10^5 \times 98.71} = 83.19\text{mm}$

$$3단 : F_{j'} = \frac{F_j}{n} = \frac{476}{4} = 119.00\text{kN}$$

$$L_{f'\max.} = L_t = L_f + L_b = 6.0 + 6.5 = 12.5\text{m}$$

$$\Delta l_{\max.} = \frac{(F_j - F_{a.l})1.1(L_{f'\max.})}{E_s A_s}$$

$$\Delta l_{\max.} = \frac{((119-6.0)\times 1.1 \times 12.5 \times 1{,}000) + (119 \times 300)}{2.0 \times 10^5 \times 98.71} = 80.51\text{mm}$$

6) 계산결과 요약

1)~5) 계산결과를 요약하면

구분	1단	2단	3단
설계하중(kN)	300	340	380
정착지반 조건	사력층(N>40)	사력층(N>40)	사력층(N>40)
인장재 규격	12.7mm-4가닥	12.7mm-4가닥	12.7mm-4가닥
천공직경(mm)	100	100	100
정착장(m)	5.0	6.0	6.5
자유장(m)	9.0	8.0	6.0
인장여유장(m)	1.5	1.5	1.5
초기인장력(kN)	403	440	476
최소늘음량(mm)	42.98	46.93	43.02
최대늘음량(mm)	76.19	83.19	80.51
그라우트 설계기준강도(N/mm²)	21	21	21
앵커헤드	재인장형	재인장형	재인장형

8.2 수압대응 앵커

수압대응 앵커는 70년대 이후 지하공간 개발이 활성화되면서 많이 적용되었다. 건설공사에서 지하수에 대응하기 위한 공법으로는 크게 배수공법과 영구앵커공법이 주로 사용되었으나 최근 도심지에서 나타나는 싱크 홀 문제, 사유지의 지하수에 대한 재산권 문제, 지하수위 저하에 따른 지반환경 문제 등으로 점차 영구앵커공법의 적용이 증가하는 추세이다.

건설공사에서 수압대응 앵커는 주로 지하차도, 지하 주차장, 지하 저류시설 등 지하 공간 개발과 관련하여 많이 사용되고 있으며 사진 8.2는 수압대응 영구앵커가 적용된 현장의 모습들이다.

(a) 지하차도 　　　　　　　　　　　　　　(b) 저류시설

사진 8.2 수압대응 앵커의 적용 예

수압대응 검토

지하구조물의 수압대응 설계는 구조물 기초 하부의 양압력과 구조물 중량 및 구조물 상부하중을 고려하여 결정한다.

그림 8.4는 수압에 대한 구조물의 안정검토 개요를 나타낸 것이며, 수압에 대한 구조물의 안정성을 판단하기 위한 안전율은 일반적으로 1.2를 적용한다. 즉, 기준안전율이 1.2보다 작은 경우에는 이를 만족하기 위한 수압대응 앵커의 적용을 고려해야 한다.

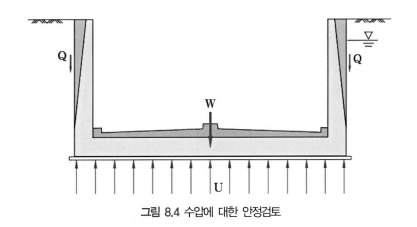

그림 8.4 수압에 대한 안정검토

그림 8.4에서 수압에 대한 안전율은

$$S.F = \frac{W+Q}{U} \geq 1.2$$

이때 앵커가 필요한 경우 앵커 설계하중은 아래와 같다.

$$S.F = \frac{W+Q+F_a}{U} \geq 1.2, \;\; F_a = 1.2U - (W+Q)$$

지하수위를 고려한 지하구조물을 설계할 때 가장 문제가 되는 것은 적절한 지하수위의 선정이다. 설계 지하수위의 결정은 경제성과도 관계되며 또한 항상 변동성을 내포하고 있어 설계자의 입장에서 결정이 쉽지 않은 사항이다.

아직 국내 설계기준에서는 설계 지하수위 선정에 대하여 명확히 정의되어 있지 않은 실정이며 참고로 유로코드7에서 제안하는 설계 지하수위 적용기준은 그림 8.5와 같다.

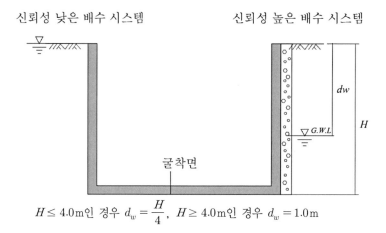

$H \leq 4.0\text{m}$인 경우 $d_w = \dfrac{H}{4}$, $H \geq 4.0\text{m}$인 경우 $d_w = 1.0\text{m}$

그림 8.5 설계 지하수위 결정방법(유로코드7)

• 수압대응 영구앵커 설계 예

그림 8.6과 같이 지하차도 임의 단면에서 필요한 앵커력($F_d = 900\text{kN}$)이 결정되었다고 하면, 다음과 같이 수압대응 영구앵커를 설계할 수 있다.

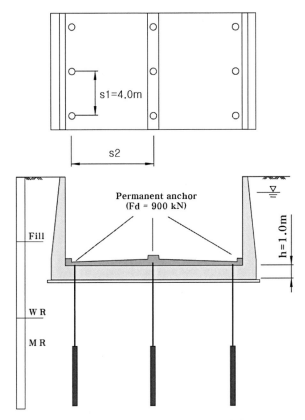

그림 8.6 지하차도 수압대응 검토 단면

1) 인장재 검토

- 인장재 제원(KS D7002 SWPC 7B Low relaxation 스트랜드)

    공칭 직경(mm) : 12.7   공칭 단면적(mm^2) : 98.7

    극한하중(kN) : 183   항복하중(kN) : 156

    탄성계수 : 2.0 × 105MPa

    70% 초기하중에서 1,000시간 후 릴렉세이션 : 2.5% 이하

- 필요 강선 수 : $n = \dfrac{F_d}{0.6 f_{us}} = \dfrac{900}{0.6 \times 183} = 8.2$ $n = 9$가닥 적용

2) 정착장 계산

– 천공직경 검토(D=165mm적용)

일반적으로 앵커 설치를 위한 천공직경은 시스템 공급업체에 따라 차이가 있다.

$$\frac{A_s}{A_D} \le 0.15 \quad \text{만족 여부 검토}$$

$$A_s = 98.71 \times 9 = 888.40 \text{mm}^2, \quad A_D = \frac{\pi D^2}{4} = \frac{\pi \times 165^2}{4} = 21,372 \text{mm}^2$$

$$\frac{A_s}{A_D} = \frac{888.40}{21,372} = 0.042 \le 0.15 \quad \text{O.K}$$

– 지반/그라우트 마찰저항 : 정착지반조건 연암 적용

$$L_{b1} = \frac{F_d \times S.F}{\pi \times D \times \tau_u} = \frac{900 \times 2.5}{\pi \times 0.165 \times 1,000} = 4.34 \text{m}$$

– 인장재/그라우트 부착저항

$$L_{b2} = \frac{F_d \times S.F}{\pi \times D \times n \times \tau_u} = \frac{900 \times 2.0}{\pi \times 0.013 \times 9 \times 2,000} = 2.45 \text{m}$$

L_{b1}, L_{b2}를 고려하여 L_b=5.0m을 적용한다.

3) 자유장 검토

지반앵커의 자유장은 풀아웃에 대한 안정 및 인장을 위한 최소 길이 고려하여 결정한다.

– 풀아웃에 대한 안정 검토

$$L_f = \sqrt{\frac{F_d \times S.F}{(\gamma - 9.8) \times s \times \tan\phi}} - \frac{L_b}{2} + \text{기초두께}$$

$$= \sqrt{\frac{900 \times 2.5}{(21.0 - 9.8) \times 4.0 \times \tan 35°}} - \frac{5.0}{2} + 1.0 = 7.0 \text{m}$$

L_f =7.5m를 적용한다.

4) 초기인장력 산정

초기인장력은 설계하중에 정착장치에 의한 손실, 지반의 장기 크리프 특성, 인장재의 리렉세이션 손실을 고려하여 결정한다.

– 정착장치에 의한 손실(Wedge draw-in : 6.0mm)

$$\Delta p_{s1} = \frac{\Delta l \times A_s \times n \times E_s}{L_f} = \frac{6.0 \times 98.71 \times 9 \times 2.0 \times 10^5}{7.5 \times 1,000} = 142.14 \text{kN}$$

– 리렉세이션에 의한 손실 2.5%와 지반의 크리프특성에 의한 손실 2.5%를 고려하여 장기손실 5%를 적용하면, 적용 가능한 초기인장력(F_j)의 최댓값은

$$F_{j\max.} = 0.8 \times f_{us} \times n = 0.8 \times 183 \times 9 = 1,318 \text{kN}$$

$$F_{final} = (F_{j\max.} - \Delta p_{s1}) \times (1.0 - 0.05)$$
$$= (1,318 - 142.14) \times (1.0 - 0.05) = 1,117 \text{kN}$$

인장재 극한하중의 67%를 적용하면,

$$F_j = 0.67 \times f_{us} \times n = 0.67 \times 183 \times 9 = 1,103 \text{kN}$$

$$F_{final} = (F_j - \Delta p_{s1}) \times (1.0 - 0.05) = (1,103 - 142.14) \times (1.0 - 0.05)$$
$$= 912.8 \text{kN} \geq 900 \text{kN} \quad \text{O.K}$$

설계하중 조건을 만족하므로 초기인장력은 $F_j = 1,103 \text{kN}$ 을 적용한다.

5) 늘음량 계산

마찰형 앵커의 늘음량 관리기준

– 최소늘음량 : $\Delta l_{\min.} = \dfrac{(F_j - F_{a.l}) \times 0.9 \times L_f + (F_j \times L_j)}{E_s \times A_s}$

이때 $F_{a.l} = 0.05 F_j$, 즉 초기 정렬하중을 인장하중의 5%, 즉 $F_{a.l} = 0.05 F_{j'}$를 적용하고 인장

잭의 길이(L_j) 300mm를 고려하면,

$$\Delta l_{\min.} = \frac{((1,103-55)\times 0.9\times 7.5\times 1,000)+(1,103\times 300)}{2.0\times 10^5\times 98.71\times 9} = 41.67\text{mm}$$

– 최대 늘음량 : $\Delta l_{\max.} = \dfrac{(F_j - F_{a.l})\times\left(L_f + \dfrac{L_b}{2}\right)+(F_j\times L_j)}{E_s\times A_s}$

$$\Delta l_{\max.} = \frac{\left((1,103-55)\times\left(7.5\times 1,000 + \dfrac{5.0}{2}\times 1,000\right)\right)+(1,103\times 300)}{2.0\times 10^5\times 98.71\times 9} = 60.85\text{mm}$$

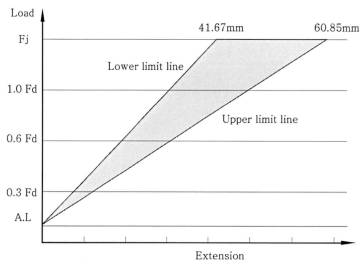

그림 8.7 최소 및 최대늘음량

6) 지압판 설계

지압판 설계에 적용되는 하중은 앵커의 설계하중과는 다르게 적용되어야 한다.

즉, 지압판에 작용하는 최대인장하중 조건과 인장재에 적용 가능한 최대하중조건을 고려해야 한다. 먼저 지압판에 작용하는 최대인장하중은 초기인장력과 최대시험하중의 크기가 고려되어야 하며, 인장재에 적용 가능한 최대하중조건은 인장재 극한하중의 80% 이하(또는 인장해 항복강도의 94% 이하)로 고려하여 가장 큰 하중조건을 지압판에 작용하는 하중으로 검토한다.

- 설계하중

① 초기인장하중 : $F_j = 1,103\text{kN}$

② 최대시험하중 : $F_t = 1.33 F_d = 1.33 \times 900 = 1,197\text{kN}$

③ 항복강도 기준 : $0.94 f_y = 0.94 \times 9 \times 156 = 1,320\text{kN}$

①, ②, ③을 고려하여 $F_{d'} = 1,200\text{kN}$ 을 적용한다.

앵커체가 기초구조체를 통과하기 위해 설치되는 스리브(sleeve) 직경(d=140mm 적용)에 의한 콘크리트의 비 유효면적(A_0)은

$$A_0 = \frac{\pi d^2}{4} = \frac{\pi \times 0.14}{4} = 0.0154\text{m}^2$$

- 콘크리트 지압강도에 의한 지압판의 폭(b) 계산

$$f_b = \phi_b 0.85 f_{ck} \times \sqrt{\frac{A_2}{A_1}} = 0.7 \times 0.85 \times 24 \times 2.0 = 28.56\text{MPa}$$

강도감소계수 $\phi_b = 0.70$를 적용한다(도로교 설계기준 2.2.3.3 설계강도).

여기서 재하 면적비, 즉 지압판 면적(A_1) 대비 지지표면의 면적(A_2)에 의한 보정이다. 일반적으로 지반앵커에서 지압판 면적 대비 지지표면의 면적은 매우 크다.

$\sqrt{\dfrac{A_2}{A_1}}$ 는 최대 2.0이므로 2.0을 적용한다.

한편, 콘크리트 지압강도 $f_b \geq \dfrac{F_{d'}}{A'} = \dfrac{F_{d'}}{A - A_o}$ 을 만족하여야 한다.

지압판 면적(A)은

$$A \geq \frac{F_{d'}}{f_b} + A_o = \frac{1,200}{28,560} + 0.0154 = 0.0574\text{m}^2$$

지압판의 폭 $b = \sqrt{A} = \sqrt{0.0574} = 0.24\text{m}$ 이므로 $b = 250\text{mm}$ 를 적용한다.

– 지압판의 휨강도에 의한 지압판 두께(t) 계산

지압판 휨강도 $f_{sy} = \phi_f \cdot f_y = 0.85 \times 240 \simeq 204\text{MPa}$이며, 지압판을 2방향성 보로 가정하면,

$$\text{작용하중} : F_x = F_y = \frac{F_{d'}}{2} = \frac{1,200}{2} = 600\text{kN}$$

이때 강도 감소계수 $\phi_f = 0.85$를 적용한다(도로교 설계기준 2.2.3.3 설계강도).

또한 슬리브 직경(0.14m)을 고려한 지압판에 작용하는 반력의 폭 :

$$a = \frac{b - d_s}{2} = \frac{0.25 - 0.14}{2} = 0.055\text{m}$$

지압판에 작용하는 반력 :

$$\omega = \frac{F_x}{b - d_s} = \frac{600}{0.25 - 0.14} = 5,455\text{kN/m}$$

작용모멘트 :

$$M = \frac{\omega a^2}{2} = \frac{5,455 \times 0.055^2}{2} = 8.25\text{kN} \cdot \text{m}$$

따라서 지압판 휨강도(f_{sy})과 지압판의 단면계수(Z)을 고려한 지압판의 두께(t)는

$$t \geq \sqrt{\frac{6 \times M}{b \times f_{sy}}} = \sqrt{\frac{6 \times 8.25}{0.25 \times 20,400}} = 0.0312\text{m}, \ t = 35\text{mm}$$를 적용한다.

따라서 지압판 규격은 $250 \times 250 \times 35\text{mm}$를 적용한다.

1)~6) 계산결과를 요약하면

설계하중	인장재	정착장	자유장	여유장
900kN	12.7×9	5.0m	7.5m	1.0m
총길이	**지압판**	**초기인장력**	**최소늘음량**	**최대늘음량**
13.5m	250×35	1,103kN	41.67mm	60.85mm

8.3 비탈면 보강 앵커

비탈면 보강공법은 대표적으로 쏘일네일 공법과 영구앵커 공법이 있다. 현장에서의 작업은 천공, 보강재 삽입, 그라우팅 등 유사하게 시공되고 있으나 공법의 원리는 완전히 다른 개념이다. 쏘일네일 공법은 지반의 변위에 보강재가 대응하는 지반의 아칭효과를 이용하는 것이지만 지반앵커는 한계평형해석에 근거하여 비탈면 안정에 필요한 힘을 비탈면에 직접 작용토록 하여 비탈면의 안정성을 확보하는 것이다. 사진 8.3은 앵커를 이용한 비탈면 보강의 예를 보여주는 것이다.

비탈면 보강 앵커공사에서 적용되는 구조물은 보통 콘크리트 블록과 계단식 옹벽 등이 많이 쓰이고 있으나 비탈면의 풍화정도, 파쇄도 등, 비탈면의 표면유실을 고려하여 적절하게 결정되어야 한다.

앵커가 적용된 비탈면에서 법면의 토사유실에 의한 콘크리트 블록 등 구조체의 침하는 앵커력 손실의 직접적인 원인이 된다.

(a) 프리캐스트 콘크리트 블록

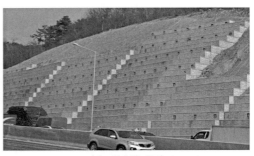
(b) 계단식 옹벽

(c) 계단식옹벽+프리캐스트 콘크리트 블록

(d) 현장타설 격자블록

사진 8.3 앵커가 적용된 사면보강 예

안정해석

비탈면의 안정해석은 토사사면과 암반사면으로 구분하여 검토되어야 하며 안정성 평가를 위한 해석방법도 상이하다. 그림 8.8은 앵커를 이용한 비탈면 안정해석의 개요를 보여주는 것으로 그림에서 필요한 앵커력은 비탈면에 작용하는 활동력, 지하수에 의한 수압, 비탈면 형성 후 풍화로 인한 비탈면 지반 특성 변화, 발파, 지진 등에 의한 동적 하중 등이 고려되어야 하며 평면파괴, 원호활동 파괴 등으로 고려할 수 있다.

앵커가 보강된 비탈면 안정해석에서 검토해야 할 사항은 앵커가 보강된 비탈면 전체의 외적 안전성이 확보되어야 하며, 앵커의 내적 안정성 및 설계앵커력에 대한 정착 두부 구성요소 각각의 안정성이 확보될 수 있도록 하여야 한다.

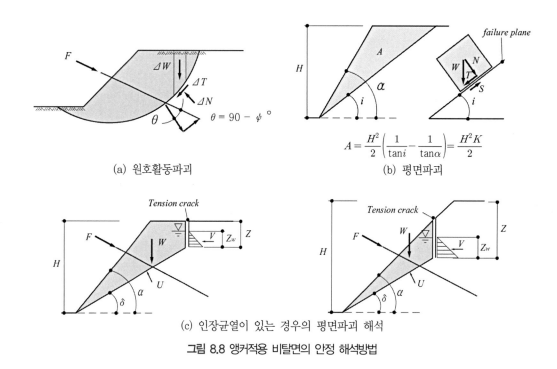

(a) 원호활동파괴

$$A = \frac{H^2}{2}\left(\frac{1}{\tan i} - \frac{1}{\tan \alpha}\right) = \frac{H^2 K}{2}$$

(b) 평면파괴

(c) 인장균열이 있는 경우의 평면파괴 해석

그림 8.8 앵커적용 비탈면의 안정 해석방법

특히 암반사면의 보강에 앵커를 적용할 경우 암반 블록의 불연속면의 특성을 충분히 고려하여 파괴에 저항하는 키 블록 등 불연속면의 특성에 따라 보강효과가 다르게 나타난다. 암반사면의 설계자는 암반사면의 불연속면 특성에 대해 세심하게 관찰하고 앵커의 위치를 결정해야 하며 현장에서의 적용도 설계도서 외에 일부 앵커의 설치 위치를 현장 조건에 맞도록 조정할 수 있도록 허용되어야 한다.

국내 현실을 고려할 때 많은 현장에서 단순히 설계도서에 표시된 위치를 고수하고 있는데 설계도서에 불연속면의 특성 등, 설계도서에 표현할 수 있는 정보의 한계가 있는 것이다. 이러한 점은 향후 개선되어야 할 사항으로 판단된다.

비탈면 보강앵커의 적용에서 중요하게 고려되어야 할 사항은 표 8.2와 같다.

또한 앵커가 보강된 비탈면의 안정해석방법에 대한 자세한 내용은 부록에 설명하였다.

표 8.2 비탈면 보강 앵커에서 주요 검토사항

구분	주요 검토 사항
한계평형해석에 의한 사면안정 검토	앵커의 지지하중의 결정
비탈면의 외적 안정성	자유장 길이 및 정착장의 위치 결정
지반앵커의 내적 안정	인장재 산정, 정착장, 자유장 길이 산정, 초기인장력 결정, 늘음량 관리기준 결정
앵커블록 및 정착두부의 안정	콘크리트 블록의 안정 검토, 콘크리트 블록의 지지력 검토, 지압판 안정 검토, 비탈면 법면 토사유실 방지대책
유지관리계획	준공 후 보유응력 측정대책, 보유응력 부족 시 유지관리대책

● **비탈면 보강 영구앵커 설계 예**

그림 8.9와 같이 사면안정해석 결과, 임의 해석단면에서 필요한 앵커력이 결정되었다고 하면,

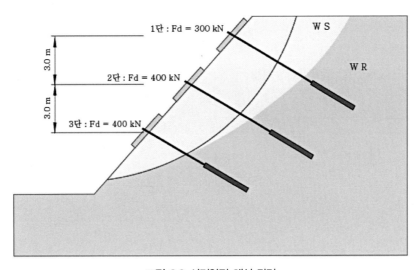

그림 8.9 사면안정 해석 단면

1) 설계조건

– 설계하중 : 1단 : $F_d = 300\text{kN}$, 2단, 3단 : $F_d = 400\text{kN}$

2) 인장재 검토

– 인장재 제원(KS D7002 SWPC 7B Low relaxation 스트랜드)

    공칭 직경(mm) : 12.7   공칭 단면적(mm^2) : 98.7

    극한하중(kN) : 183   항복하중(kN) : 156

    탄성계수 : $2.0 \times 105\text{MPa}$

    70% 초기하중에서 1,000시간 후 리렉세이션 : 2.5% 이하

– 필요 강선 수

$$1단 : n_1 = \frac{F_d}{0.6 f_{us}} = \frac{300}{0.6 \times 183} = 2.73 \quad n = 4\text{가닥 적용}$$

$$2, 3단 : n_{2,3} = \frac{F_d}{0.6 f_{us}} = \frac{400}{0.6 \times 183} = 3.64 \quad n = 4\text{가닥 적용}$$

3) 정착장 계산

– 천공직경 검토(D=100mm적용)

일반적으로 앵커 설치를 위한 천공직경은 시스템 공급업체에 따라 차이가 있다.

$$\frac{A_s}{A_D} \leq 0.15 \quad \text{만족 여부 검토}$$

$$A_s = 98.71 \times 4 = 394.84\text{mm}^2, \quad A_D = \frac{\pi D^2}{4} = \frac{\pi \times 100^2}{4} = 7{,}850\text{mm}^2$$

$$\frac{A_s}{A_D} = \frac{394.84}{7{,}850} = 0.05 \geq 0.15 \quad \text{O.K}.$$

– 지반/그라우트 마찰저항 : 정착지반조건 풍화암 적용

$$1단 : L_{b1} = \frac{F_d \times S.F}{\pi \times D \times \tau_u} = \frac{300 \times 2.5}{\pi \times 0.10 \times 700} = 341\text{m}$$

$$2, 3단 : L_{b2,3} = \frac{F_d \times S.F}{\pi \times D \times \tau_u} = \frac{400 \times 2.5}{\pi \times 0.10 \times 700} = 4.55\text{m}$$

– 인장재/그라우트 부착저항

$$1단 : L_{b1'} = \frac{F_d \times S.F}{\pi \times D \times n \times \tau_u} = \frac{300 \times 2.0}{\pi \times 0.013 \times 4 \times 2,000} = 1.84\text{m}$$

$$2단 : L_{b2.3'} = \frac{F_d \times S.F}{\pi \times D \times n \times \tau_u} = \frac{400 \times 2.0}{\pi \times 0.013 \times 4 \times 2,000} = 2.45\text{m}$$

L_{b1}, $L_{b2,3}$, $L_{b1'}$, $L_{b2,3'}$를 고려하여

1단 : $L_{b1} = 4.0$m, 2, 3단 : $L_{b2.3} = 5.0$m 적용

4) 자유장 검토

지반앵커의 자유장은 풀아웃에 대한 안정 및 인장력 도입을 위한 최소 길이를 고려하여 도상에서 결정한다.

1단 : $L_{f1} = 8.0$m, 2단 : $L_{f2} = 8.0$m, 3단 : $L_{f3} = 6.0$m 적용

5) 초기인장력 산정

초기인장력은 설계하중에 정착장치에 의한 손실, 지반의 장기 크리프 특성, 인장재의 리렉세이션 손실을 고려하여 결정한다.

– 정착장치에 의한 손실(Wedge draw-in : $\Delta l = 6.0$mm)

$$1단 : \Delta p_{s1} = \frac{\Delta l \times A_s \times n \times E_s}{L_f} = \frac{6.0 \times 98.71 \times 4 \times 2.0 \times 10^5}{8.0 \times 1,000} = 59.23\text{kN}$$

$$2단 : \Delta p_{s1} = \frac{\Delta l \times A_s \times n \times E_s}{L_f} = \frac{6.0 \times 98.71 \times 4 \times 2.0 \times 10^5}{8.0 \times 1,000} = 59.23\text{kN}$$

$$3단 : \Delta p_{s1} = \frac{\Delta l \times A_s \times n \times E_s}{L_f} = \frac{6.0 \times 98.71 \times 4 \times 2.0 \times 10^5}{6.0 \times 1,000} = 78.97\text{kN}$$

– 리렉세이션에 의한 손실 2.5% 와 지반의 크리프 특성에 의한 손실 2.5%를 고려하여 장기손실 max. =5% 적용하면, 적용 가능한 초기인장력(F_j)의 최댓값은

$$F_{jmax.} = 0.8 \times f_{us} \times n = 0.8 \times 183 \times 4 = 589.6\text{kN}$$

$$
\begin{aligned}
1단 : F_{final} &= (F_{jmax.} - \Delta p_{s1}) \times (1.0 - 0.05) = (589.60 - 59.23) \times (1.0 - 0.05) \\
&= 503.28\text{kN}
\end{aligned}
$$

인장재 극한하중의 55%를 적용하면

$$
\begin{aligned}
F_j &= 0.55 \times f_{us} \times n = 0.55 \times 183 \times 4 = 402.6\text{kN} \\
F_{final} &= (F_j - \Delta p_{s1}) \times (1.0 - 0.05) = (402.6 - 59.2) \times (1.0 - 0.05) \\
&= 326.2kN \geq 300\text{kN} \quad \text{O.K}
\end{aligned}
$$

설계하중 조건을 만족하므로 초기인장력은 $F_j = 403\text{kN}$ 을 적용한다.

$$
\begin{aligned}
2단 : F_{final} &= (F_{jmax.} - \Delta p_{s1}) \times (1.0 - 0.05) \\
&= (589.60 - 59.23) \times (1.0 - 0.05) = 503.28\text{kN}
\end{aligned}
$$

인장재 극한하중의 67%를 적용하면

$$
\begin{aligned}
F_j &= 0.67 \times f_{us} \times n = 0.67 \times 183 \times 4 = 490.44\text{kN} \\
F_{final} &= (F_j - \Delta p_{s1}) \times (1.0 - 0.05) = (490.44 - 59.23) \times (1.0 - 0.05) \\
&= 09.65\text{kN} \geq 400\text{kN} \quad \text{O.K}
\end{aligned}
$$

설계하중 조건을 만족하므로 초기인장력은 $F_j = 490\text{kN}$ 을 적용한다.

$$
\begin{aligned}
3단 : F_f &= (F_{jmax.} - \Delta p_{s1}) \times (1.0 - 0.05) = (589 - 59.23) \times (1.0 - 0.05) \\
&= 503.28\text{kN}
\end{aligned}
$$

인장재 극한하중의 70%를 적용하면

$$F_j = 0.70 \times f_{us} \times n = 0.67 \times 183 \times 4 = 512.24 \text{kN}$$

$$F_{final} = (F_j - \Delta p_{s1}) \times (1.0 - 0.05) = (512.24 - 78.97) \times (1.0 - 0.05)$$

$$= 411.61 \text{kN} \geq 400 \text{kN} \quad \text{O.K}$$

설계하중 조건을 만족하므로 초기인장력은 $F_j = 512 \text{kN}$ 을 적용한다.

6) 늘음량 계산

마찰형 앵커의 늘음량 관리기준

– 최소늘음량 : $\Delta l_{\min.} = \dfrac{(F_j - F_{a.l}) \times 0.9 \times L_f + (F_j \times L_j)}{E_s \times A_s}$

이때 $F_{a.l} = 0.05 F_j$, 즉 초기 정렬하중을 인장하중의 5%를 적용하고 인장 잭의 길이($L_j = 300\text{mm}$)를 고려하면

$$1단 : \Delta l_{\min.} = \frac{((403 - 20) \times 0.9 \times 8.0 \times 1,000) + (403 \times 300)}{2.0 \times 10^5 \times 98.71 \times 4} = 36.45 \text{mm}$$

$$2단 : \Delta l_{\min.} = \frac{((490 - 24) \times 0.9 \times 8.0 \times 1,000) + (490 \times 300)}{2.0 \times 10^5 \times 98.71 \times 4} = 44.35 \text{mm}$$

$$3단 : \Delta l_{\min.} = \frac{((512 - 26) \times 0.9 \times 6.0 \times 1,000) + (512 \times 300)}{2.0 \times 10^5 \times 98.71 \times 4} = 35.18 \text{mm}$$

– 최대 늘음량 : $\Delta l_{\max.} = \dfrac{(F_j - F_{a.l}) \times \left(L_f + \dfrac{L_b}{2}\right) + (F_j \times L_j)}{E_s \times A_s}$

$$1단 : \Delta l_{\max.} = \frac{\left((403 - 20) \times \left(8.0 \times 1,000 + \dfrac{4.0}{2} \times 1,000\right)\right) + (403 \times 300)}{2.0 \times 10^5 \times 98.71 \times 4}$$

$$= 50.03 \text{mm}$$

$$2단 : \Delta l_{\max.} = \frac{\left((490-24) \times \left(8.0 \times 1,000 + \frac{5.0}{2} \times 1,000\right)\right) + (490 \times 300)}{2.0 \times 10^5 \times 98.71 \times 4}$$

$$= 63.82\text{mm}$$

$$3단 : \Delta l_{\max.} = \frac{\left((512-26) \times \left(6.0 \times 1,000 + \frac{5.0}{2} \times 1,000\right)\right) + (512 \times 300)}{2.0 \times 10^5 \times 98.71 \times 4}$$

$$= 54.25\text{mm}$$

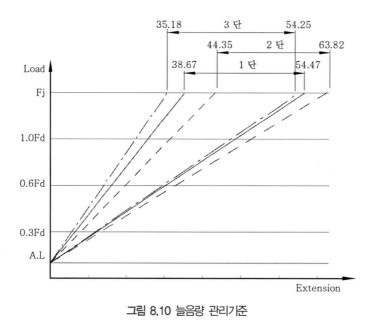

그림 8.10 늘음량 관리기준

7) 지압판 설계

지압판 설계에 적용되는 하중은 앵커의 설계하중과는 다르게 적용되어야 한다. 즉, 초기인장하중 이상 또는 인장재 극한하중의 80% 이하로 적용되어야 한다.

- 설계하중

　① 초기인장하중 : $F_j = 512\text{kN}$

　② 최대시험하중 : $F_t = 1.33F_d = 1.33 \times 400 = 532\text{kN}$

　③ 항복강도 기준 : $0.94f_y = 0.94 \times 4 \times 156 = 587\text{kN}$

　① ② ③을 고려하여 $F_{d'} = 540\text{kN}$ 을 적용한다.

앵커체가 앵커블록을 통과하기 위해 설치되는 스리브(sleeve) 직경(d=80mm 적용)에 의한 콘크리트의 비 유효면적(A_0)은

$$A_0 = \frac{\pi d^2}{4} = \frac{\pi \times 0.08}{4} = 0.005 \text{m}^2$$

– 콘크리트 지압강도에 의한 지압판의 폭(b) 계산

$$f_b = \phi_b 0.85 f_{ck} \times \sqrt{\frac{A_2}{A_1}} = 0.7 \times 0.85 \times 24 \times 2.0 = 28.56 \text{MPa}$$

강도감소계수 $\phi_b = 0.70$을 적용한다(도로교 설계기준 2.2.3.3 설계강도).

여기서 재하 면적비, 즉 지압판 면적(A_1) 대비 지지표면의 면적(A_2)에 의한 보정을 한다. 일반적으로 지반앵커에서 지압판 면적 대비 지지표면의 면적은 매우 크다.

$\sqrt{\dfrac{A_2}{A_1}}$ 는 최대 2.0이므로 2.0을 적용한다.

한편, 콘크리트 지압강도 $f_b \geq \dfrac{F_{d'}}{A'} = \dfrac{F_{d'}}{A - A_o}$ 을 만족하여야 한다.

지압판 면적(A)은

$$A \geq \frac{F_{d'}}{f_b} + A_o = \frac{540}{28,560} + 0.005 = 0.024 \text{m}^2$$

지압판의 폭 $b = \sqrt{A} = \sqrt{0.024} = 0.16 \text{m}$ 이므로 $b = 180 \text{mm}$ 를 적용한다.

– 지압판의 휨강도에 의한 지압판 두께(t) 계산

지압판 휨강도 $f_{sy} = \phi_f \cdot f_y = 0.85 \times 240 \simeq 204 \text{MPa}$ 이며, 지압판을 2방향성 보로 가정하면,

$$\text{작용하중}: F_x = F_y = \frac{F_{d'}}{2} = \frac{540}{2} = 270 \text{kN}$$

이때 강도 감소계수 $\phi_f = 0.85$를 적용한다(도로교 설계기준 2.2.3.3 설계강도).

또한 슬리브 직경(0.08m)을 고려한 지압판에 작용하는 반력의 폭 :

$$a = \frac{b - d_s}{2} = \frac{0.18 - 0.08}{2} = 0.05\text{m} .$$

지압판에 작용하는 반력 : $\omega = \dfrac{F_x}{b - d_s} = \dfrac{270}{0.18 - 0.08} = 2,700\text{kN/m}$

작용모멘트 : $M = \dfrac{\omega a^2}{2} = \dfrac{2,700 \times 0.05^2}{2} = 3.38\text{kN} \cdot \text{m}$

따라서 지압판 휨강도(f_{sy})와 지압판의 단면계수(Z)를 고려한 지압판의 두께(t)

$t \geq \sqrt{\dfrac{6 \times M}{b \times f_{sy}}} = \sqrt{\dfrac{6 \times 3.38}{0.18 \times 204,000}} = 0.024\text{m}$, $t = 25\text{mm}$를 적용한다.

따라서 지압판 규격은 $180 \times 180 \times 25\text{mm}$를 적용한다.

1)~6) 계산결과를 요약하면

구분	1단	2단	3단	비고
설계하중	300kN	400kN	400kN	
인장재	12.7mm × 4			
자유장	8.0m	8.0m	6.0m	
정착장	4.0m	5.0m	5.0m	
여유장	1.0m			
총길이	13.0m	14.0m	12.0m	
초기인장력	403kN	490kN	512kN	
최소늘음량	36.45mm	44.35mm	35.18mm	
최대늘음량	50.00mm	63.82mm	54.25mm	
지압판	180 × 180 × 25			

8) 격자 블록 설계

격자 블록의 설계에 적용되는 하중은 초기인장하중 이상 또는 인장재 극한하중의 80% 이하로 적용되어야 한다. 따라서 앵커블록 설계하중 $F_d = F_{j\max.} = 512\text{kN}$을 적용한다.

한편, 격자블록의 단면설계를 위한 작용하중은 격자블록을 2방향성 보로 가정하여 계산한다. 즉,

$$F_x = F_y = \frac{512\text{kN}}{2} = 256\text{kN}$$ 을 적용하여 격자블록의 단면을 다음과 같이 결정할 수 있다.

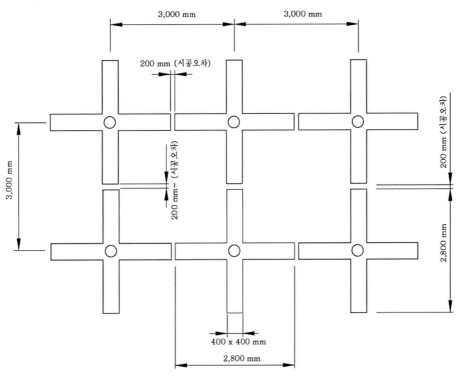

그림 8.11 앵커블록 설치계획 평면

- 설계조건 :

    격자블록 설계하중(F_d)　　　　: 512kN

    콘크리트 설계기준 강도(F_{ck}) : 24MPa

    철근의 항복강도(F_y)　　　　: 300MPa(SD 300)

    격자 블록 폭(b)　　　　　　: 0.4m

    격자블록 높이(h)　　　　　　: 0.4m

    격지블록 유효높이(d)　　　　: 0.35m

    격자블록 제원　　　　　　　: 2.8m × 2.8m

– 최대 모멘트

대상지반의 탄성계수 : $E_s = 40,000(\mathrm{kPa}) \approx 408.0(\mathrm{kgf/cm^2})$

격자블록의 재하면적 : $A_v = 11,200(\mathrm{cm^2})$ (격자블록을 2방향 보로 가정)

격자블록의 환산재하 폭 : $B_v = \sqrt{A_v} = \sqrt{11,200} = 105.8(\mathrm{cm})$

대상지반의 연직지반반력계수 :

$$K_v = K_{vo}\left(\frac{B_v}{30}\right)^{-\frac{3}{4}} = 13.6 \times \left(\frac{105.8}{30}\right)^{-\frac{3}{4}} \simeq 5.2\,\mathrm{kgf/cm^3} \simeq 51,000(\mathrm{kN/m^3})$$

여기서, $K_{vo} = \frac{1}{30}\alpha E_o = \frac{1}{30} \times 1 \times 408.0 = 13.6\,\mathrm{kgf/cm^2}$

격자블록 단면2차모멘트 : $I_x = \dfrac{bh^3}{12} = 0.00213(\mathrm{m^4})$

격자블록 콘크리트의 탄성계수 : $E_c = 4700\sqrt{F_{ck}} = 23,000(\mathrm{MPa}) = 2.3 \times 10^7(\mathrm{kPa})$

기초 특성치 : $\beta = \sqrt[4]{\left(\dfrac{K_v b}{4E_c I_x}\right)} = \sqrt[4]{\dfrac{51,000 \times 0.4}{4 \times 2.3 \times 10^7 \times 0.00213}} = 0.568(\mathrm{m^{-1}})$

작용모멘트 : $M_u = \dfrac{F_d}{4\beta} = \dfrac{512/2}{4 \times 0.568} = 112.7\,\mathrm{kN \cdot m}$

– 최대 전단력 : $V_u = \dfrac{F_d}{2} = \dfrac{512/2}{2} = 128\,\mathrm{kN}$

– 철근량 검토($F_y = 300\mathrm{MPa}$)

$$A_s = \frac{M_u}{\phi F_y\left(d - \dfrac{a}{2}\right)} = \frac{112.7}{0.85 \times 300,000 \times \left(0.35 - \dfrac{0.1}{2}\right)} = 0.00147\mathrm{m^2}$$

$$a = \frac{A_s F_y}{0.85 F_{ck} b} = \frac{0.00147 \times 300,000}{0.85 \times 24,000 \times 0.4} = 0.05\mathrm{m}$$

반복계산

$$A_s = \frac{M_u}{\phi F_y\left(d - \dfrac{a}{2}\right)} = \frac{112.7}{0.85 \times 300,000 \times \left(0.35 - \dfrac{0.05}{2}\right)} = 0.0013\mathrm{m^2}$$

따라서 소요철근비 $p = \dfrac{A_s}{b \cdot d} = \dfrac{0.0013}{0.4 \times 0.35} = 0.0093$ 이며, 철근비의 적정성은 다음과 같이 검토한다.

- 철근비 검토

최소철근비 : $p_{\min.} = \dfrac{14}{F_y} = \dfrac{1.4}{300} = 0.0046$

최대철근비 : $p_{\max.} = 0.75 p_b = 0.75 \times 0.0385 = 0.0327$

균형철근비 :

$$p_b = \frac{0.85 \times F_{ck} \times \beta_1}{F_y} \times \frac{600}{600 + F_y} = \frac{0.85 \times 24{,}000 \times 0.85}{300{,}000} \times \frac{600}{600 + 300{,}000} = 0.0385$$

$$p_{\min.} = 0.0046 \leq p = 0.0093 \leq 0.0327 \quad \therefore \ \text{OK}$$

- 철근량 검토

필요철근량 : $A_{sreq'd} = 0.0013\text{m}^2 = 13.0\text{cm}^2$

최소철근량 : $A_{s\min.} = 0.0046bh = 0.0046 \times 40 \times 35 = 6.4\text{cm}^2$

4/3 철근량 : $A_{s4/3} = \dfrac{4}{3} \times 13.0 = 17.3\text{cm}^2$

최대철근량 : $A_{s\max.} = 0.0327bh = 0.0.327 \times 40 \times 35 = 45.78\text{cm}^2$

$\therefore \ A_s \geq 17.3\text{cm}^2$ 이상 사용

사용철근량 D25-4가닥$=20.2\text{cm}^2 \geq 17.3\text{cm}^2 \quad \therefore \ \text{O.K}$

- 전단검토

$V_u \leq \phi \cdot V_c$를 만족하여야 한다.

여기서, $\phi \cdot V_c = \phi_v \cdot \dfrac{1}{6} \cdot \sqrt{F_{ck}} \, b_p d$이며, 여기서 $\phi_v = 0.8$이므로(도로교설계 기준, 2.2.3.3 '설계강도' 참조)

$$\phi \cdot V_c = 0.8 \cdot \frac{1}{6} \cdot \sqrt{24} \cdot 0.4 \cdot 0.35 = 0.0914(\text{MN}) = 91.4(\text{kN})$$

즉, $V_u > \phi \cdot V_c$이므로 전단철근 필요

전단철근 간격($s = 15.0\text{cm}$)

최소 전단철근 : $A_v = 0.35\dfrac{bs}{F_y}$

$$A_v = 0.35\frac{bs}{F_y} = 0.35 \times \frac{40 \times 15}{300} = 0.7\text{cm}^2$$

필요 전단철근 :

$$A_v = \frac{(S_u - \phi_v S_c)s}{\phi_v F_y d} = \frac{(128 - 91.4) \times 0.15}{0.75 \times 300,000 \times 0.4} = 6.1 \times 10^{-5}\text{m}^2 = 0.61\text{cm}^2$$

사용전단철근 D13$-$2EA$= 2.53\text{cm}^2 \geq 0.7\text{cm}^2$ O.K.

CHAPTER **09** 지반앵커의 시공관리

CHAPTER 09

지반앵커의 시공관리

9.1 일반사항

지반앵커 시공계획의 수립에 있어서 앵커를 구성하는 자재, 앵커설치를 위한 천공 및 그라우팅 작업에 의한 소음, 비산먼지 등 환경문제, 인접 지하 매설물에 대한 안전대책 등이 종합적으로 고려되어야 하며 시공순서 및 주요 검토사항은 다음과 같다.

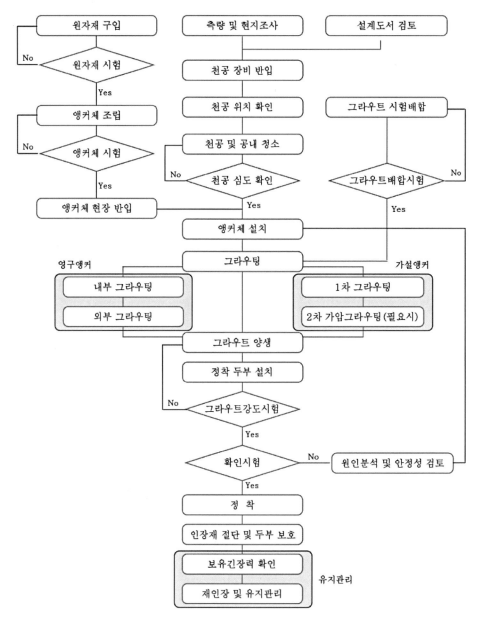

그림 9.1 지반앵커 시공순서도

표 9.1 시공단계별 주요 검토사항

구분	내용
작업준비	• 설계도서 검토 • 현장 작업 조건 검토 • 확인시추 등을 통한 지반조건 파악 • 자재 및 장비, 인력투입계획 수립 • 시공 단계별 위해 위험요인 파악 등 안전관리계획
앵커 제작	• 원자재 시험 • 앵커 제원 확인 • 조립공간의 청결도 확인 • 인장재 가닥수 확인 및 정착장, 자유장 길이 확인 • 방·부식 처리 확인(영구앵커의 경우) • 인장재 절단방법 확인(절단기 사용)
천공 및 앵커 설치	• 천공위치, 천공직경 확인 • 지층조건 확인 및 천공심도 확인(일반적으로 롯드 길이 확인) • 천공 홀의 공내 청소 및 수직도 확인 • 앵커 설치길이 확인(인장 여유장 확인)
그라우팅	• 그라우트 배합비 확인 • 믹서 플랜트 확인 • 연속주입 여부 확인 • 사용전력 확인 및 과전압 방지 및 누전방지 대책
인장 및 두부보호	• 늘음량 관리기준 확인 • 초기인장력 산정 근거 • 자재 및 장비 규격 확인(재인장 정착구) • 인장기록의 작성 및 보존 • 정착구의 방청처리 및 보호캡 규격
유지관리	• 보유응력 확인 대책 • 재인장 및 유지관리 대책

9.2 시공계획 수립

지반앵커공사를 수행함에 앞서 공사의 규모나 내용 시공조건 등 전반에 걸친 내용을 파악하고 효율적인 공사계획이 수립되어야 한다. 특히 앵커의 기능을 충분히 발휘하기 위한 시공방안, 공사에 따른 안전관리 대책, 공정관리를 위한 장비조합 및 인원동원계획 등은 충분히 검토하여 공사 감독원의 승인을 얻은 후 작업에 임해야 한다.

또한 시공계획의 수립에서 중요한 것은 현장 주변의 정확한 조사이다.

도심 흙막이 공사에서 도시가스, 상하수도관, 광통신 케이블 등 지장물의 훼손, 또는 인접 지반침하로 인한 인접 구조물의 피해 등이 자주 나타난다.

지반앵커공법은 앵커설치를 위한 천공작업이 필수이기 때문에 특히 주의하여야 한다.

시공계획서의 작성

지반앵커 공사에 필요한 시공계획서의 필수 검토 항목은 표 9.2와 같다.

표 9.2 시공계획서 필수 기재사항

구분	내용
공사 개요	• 공사 일반현황, 공사목적 등 기본사항 파악
시공계획	• 시공관리 조직도 : 공사관련 시공 관리조직, 안전관리 조직 수립 • 공정관리 계획 : 전체공정 및 개별공정의 연관성 검토 • 장비 및 인원동원 계획 : 사용장비, 자재수급, 인원수급계획 등 • 시공순서 및 각 단계별 시공계획 : 시공 순서도 및 시공 상세도 작성, 각 단계별 시공요령, 품질 관리 방법 등 예상되는 문제점 및 대책 수립 • 주변 현황조사 : 부지경계, 인접지반 지장물 조사, 인접 구조물 영향조사 • 각 업무분담 책임자 지정 • 환경관리계획 : 유해물질 배출 여부 및 처리계획, 소음, 분진 등 환경보존대책 및 위생대책 수립 • 공사 기록의 보존 : 시험보고서, 품질관리 보고서 등 공사보고서 보존계획
품질관리계획	• 품질확보를 위한 사전시험, 시공 중 시험, 시공후 시험 등 기준과 횟수 • 각 시공 단계별 상세시험방법 및 결과의 판정 등 계획 수립 • 품질관리 기록의 보존 계획
안전관리계획	• 시공 단계별 작업여건 분석 및 안전대책 수립 • 사용 장비의 제원 및 규격, 용량 등의 적합성 • 작업자의 건강, 위생상태 관리계획

9.3 천공 및 앵커 설치

앵커설치를 위한 천공작업은 원칙적으로 책임기술자의 입회하에 실시되어야 하며 이때 주된 관리기준은 천공직경, 천공 홀 깊이, 천공 홀의 청결도 등의 확인이다.

특히 천공지반의 조건이 설계조건과 비교되어야 하며 현장의 지반조건이 설계조건과 상이한 경우 이에 따른 앵커의 안정성 검토가 이루어져야 한다. 실제 현장에서 지층구분을 정확이 판단하는 것은 거의 불가능하며 천공장비의 천공속도, 천공 홀 내부에서 배출되는 암편 등 스라임을 통해 개략적인 추정만이 가능하다. 이러한 이유로 천공작업은 가급적 숙련된 기술자의 입회가 필요하며 또한 지반조건이 현저히 다르다고 판단되는 경우에는 이에 대한 적절한 검토가 이루어질 수 있도록 하여야 한다.

지반앵커 설치를 위한 천공장비는 자주식 천공장비로 보통 공압식 천공장비인 PCR 200 Crawler drill이 가장 많이 쓰이며 지반조건 및 천공심도 등 경우에 따라 유압식 천공장비가 사용되기도 한다. 사진 9.1은 국내에서 가장 널리 사용되는 PCR 200 Crawler drill의 모습과 제원을 나타낸 것이다.

(a) 경사 천공

(b) 수직 천공

A	5,400mm	Overall Length
B	3,710mm	Feed travel
C	2,580mm	Track Length
D	550mm	Tow Hight
E	1,250mm	Overall Hight
F	2,390mm	Overall width
G	300mm	Width of ground

(c) 제원

사진 9.1 PCR 200 Crawler drill

현장에서 천공작업은 현장여건에 따라 가설비계, 크레인 등과 조합되어 작업하게 되는 경우가 많이 발생하는데 이때 조합장비의 제원과 규격 등이 충분히 검토되어야 한다.

이때 중요하게 고려되어야 하는 사항은 장비의 효율 외에 작업자의 안전에 관한 사항이다. 현행 국내 안전관리 지침에 의하면 크레인 등의 인양장비에 작업자가 매달려 작업할 수 없도록 규정하고 있다. 크레인과 천공장비의 조합은 어떤 의미에서는 규정을 위반하는 것이나 불가피한 상황으로 묵인되고 있는 것이 현실이다.

특히 도심지 굴착공사에서 공압식 천공장비를 사용하는 경우에는 소음, 분진 등 환경과 관련된 사항들에 대한 대책도 수립되어야 한다.

그림 9.2와 사진 9.2는 일반적으로 많이 사용되는 크레인과 천공장비의 조합모습을 보여주는 것이다.

천공작업 과정에서 확인되어야 하는 사항은 천공위치, 천공직경, 천공심도 및 천공 홀의 직진도이다. 일반적으로 지반앵커 설치를 위한 천공심도는 자유장＋정착장＋천공 여유장으로 하며, 천공 여유장은 보통 0.5m를 적용한다.

천공 홀의 공내 청소는 앵커설치를 위한 매우 중요한 사항임에도 간혹 소홀하게 취급되어 앵커설치 과정에서 제작된 앵커체가 훼손되거나 설치가 불가능한 상황이 종종 발생한다. 현장에서의 관리자는 천공 홀 내부 청소작업의 중요성을 인지하고 관리하여야 한다.

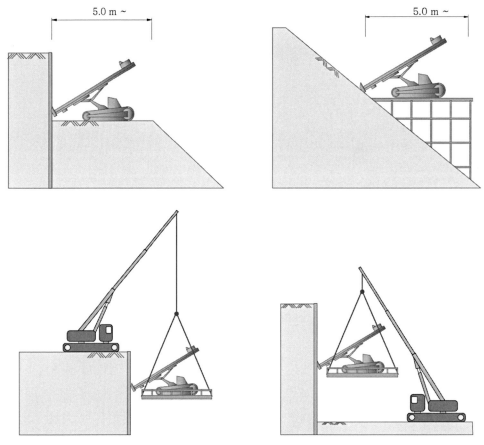

그림 9.2 천공장비의 조합

사진 9.2 크레인과 천공장비의 조합

1) 인장재 여유장

천공 후 지반앵커를 설치할 때 지반앵커에 인장력을 도입하기 위한 인장 여유장이 필요하다. 지반 앵커의 인장작업은 유압잭을 이용하게 되며 인장재 여유장은 지반앵커에 인장력을 도입하기 위한 길이로 인장작업 후 절단되어 없어지는 것으로 보통 1.0~1.5m를 두도록 하고 있다. 앵커의 설계에 서 구조물의 두께가 고려된 경우(일반적으로 영구앵커의 경우) 인장재 여유장은 1.0m, 구조물의 두께가 고려되지 않은 경우(일반적으로 가설앵커) 1.5m의 여유장을 두게 되는데 그 이유는 그림

9.3과 같다.

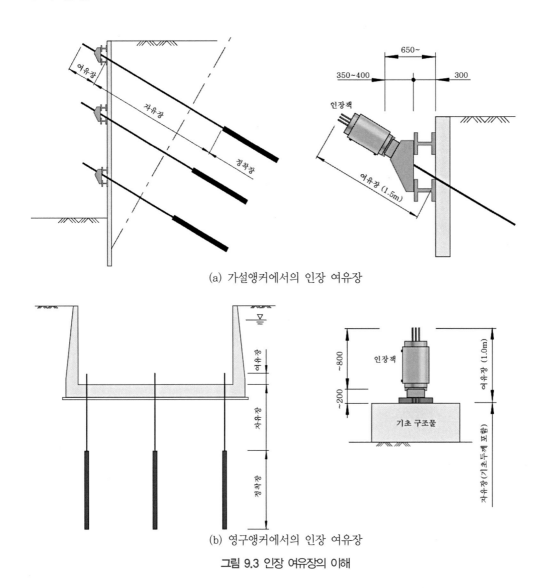

(a) 가설앵커에서의 인장 여유장

(b) 영구앵커에서의 인장 여유장

그림 9.3 인장 여유장의 이해

2) 앵커 설치

과거에는 앵커체의 제작이 주로 현장에서 이루어졌으나 최근에는 가설앵커의 경우 제거식 앵커가
주로 사용되고 또한 영구앵커 등 거의 대부분이 공장에서 제작되어 현장에 반입되고 있으며 천공작
업 후 가능한 빠른 시간 내에 앵커체를 설치할 수 있도록 해야 한다.

앵커 설치에서 스트랜드로 제작된 앵커체는 재료의 만곡성이 뛰어나 보통 인력에 의해 설치되고 규격이 큰 경우 크레인을 사용하기도 한다. 그러나 강봉형 앵커는 만곡성이 부족하고 안전사고의 우려가 있으므로 가급적 크레인 등 장비를 사용하도록 하여야 한다. 사진 9.3은 장비를 이용한 앵커 설치 및 설치 후 앵커체 보호 모습이다.

(a) 장비를 이용한 앵커 설치

(b) 스리브 설치 및 앵커 보호

사진 9.3 앵커 설치 및 보호

9.4 그라우팅

지반앵커 설치에서 그라우팅 작업의 중요성은 아무리 강조해도 지나치지 않을 것이다. 왜냐하면 그라우트는 물+시멘트+혼화제로 구성되어 지반앵커를 구성하는 인장재와 지반의 매개체가 되어 지반앵커의 기능을 발휘하게 하는 것으로 현장에서 실시할 수 있는 품질관리는 그라우트의 품질관리가 거의 전부라고 해도 과언이 아닐 것이며 일반적인 그라우트의 품질관리 기준은 표 9.3과 같다.

표 9.3 그라우트 품질관리 기준

구분	내용		비고
재료	1종 보통 포틀랜트 시멘트+물+혼화제		
물/시벤트비	45~50%		
블리딩	최대 4% 이내, 24시간 0%		
압축 강도	7일 강도	18.0MPa 이상	
	28일 강도	24.0MPa 이상	
혼화제	필요에 따라 조강제, 무수축 그라우트제 등 첨가		제조회사의 배합률

그라우팅 방법은 중력식 그라우트 방식과 패커를 이용한 가압식 그라우트 방식이 있으나 지반이 연약한 경우 외에는 가압 그라우트의 효과를 기대하기 어렵다. 그 이유는 국내에서 설치되는 패커의 대부분이 충분한 수밀성을 확보하지 못하고 있으며 그라우팅 작업순서도 일정하지 않기 때문이다.

가압 그라우팅이 필요한 경우 그라우팅 작업순서는 1차 그라우팅 → 패커 그라우팅 → 2차 가압 그라우팅의 순서로 실시되어야 효과가 나타난다.

이중부식방지형 영구앵커의 경우 내부 그라우팅, 외부 그라우팅의 순서로 이루어지며 간혹 외부 그라우팅이 먼저 실시될 경우 그라우트에 의해 부력이 발생하여 설치된 영구앵커가 떠오르기도 한다. 이런 때는 즉시 외부 그라우팅을 중지하고 내부 그라우팅을 실시하도록 해야 한다.

1) 물/시멘트 비

그라우트의 품질관리에서 가장 중요한 것은 물/시멘트 비이며 추가의 기능을 확보하기 위해 혼화제를 첨가하기도 한다. 그라우트의 물/시멘트 비와 강도특성은 그림 9.4와 같으며 시공 중 배합비가 변경되지 않도록 관리되어야 한다.

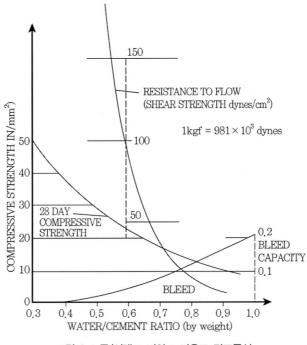

그림 9.4 물/시멘트 비와 그라우트 강도특성

2) 그라우트 시험

그라우트 시험은 시공 배합비를 결정하기 위해 시공 전에 실시되어야 하며 물/시멘트비에 따른 플로우 콘 시험(flow cone test)을 실시하여 시공 중 그라우트 품질관리 기준으로 삼아야 하며 배합 비에 따른 그라우트 압축강도 시험이 수행되어야 한다.

혼화제가 첨가되는 경우 혼화제 첨가에 따른 팽창성, 조기강도 발현 등의 시험이 별도로 수행되어 혼화제 첨가 목적의 달성 여부도 확인되어야 한다.

그라우트는 작업의 특성상 배합비에 따른 압축강도를 일일이 확인하기 어렵다. 배합과 동시에 지반에 주입되어야 하기 때문이다. 간혹 현장에서 그라우트 강도 확인 후 주입할 것을 요구하며 시공자와 감독자 사이에 분쟁이 생기는 경우가 있는데 이는 국내 시공관리 기준이 명확하지 않아 생기는 일이며 또한 이러한 방식의 그라우팅 작업은 불가능한 것이다.

그라우트의 품질관리 시험에서 플로우 콘 시험은 레미콘 타설 전 실시하는 슬럼프 테스트와 동일 한 개념으로 충분히 신뢰할 수 있다. 즉, 그라우트 작업과정에서는 시공 배합비 결정을 위한 플로우 콘 테스트에서 얻어진 관리기준을 이용하여 품질관리가 이루어져야 하는 것이다.

표 9.4 그라우트 시험

구분	내용
점성도 시험	• Flow cone test에 의한 Flow time 측정
블리딩 시험	• Plexi glass 또는 고무막에 블리딩률 측정
압축강도시험	• 큐브몰드를 이용하며 그라우트 강도 확인 • 인장작업의 기초 자료가 됨

(1) 점성도 시험

점성도시험은 그라우트의 시공 배합비를 결정하기 위한 시험으로 보통 플로우 콘(flow cone)을 이용한다. 체적이 일정한 용기에 점성도가 다른 유체(배합비가 다른 그라우트)를 배출시키면 각각 배출시간이 다르게 나타남을 이용하여 유체의 점성도를 확인하는 것으로 그라우트의 배합비가 다른 경우 배출시간이 다르게 나타난다.

그라우트의 점성도 시험은 플로우 콘 시험에 의한 플로우 타임(flow time)으로 나타내며 물/시멘트비 45~50%에서 12~21초 이내를 만족하도록 되어 있다.

현장에서 시험횟수에 대한 명확한 기준은 없으나 보통 작업 전 시공 배합비를 결정하기 위해 실시되며 그라우트 작업 중의 시험횟수는 배합비가 달라질 경우, 또는 1회/일 정도가 적당하다. 점성도시험은 비교적 간단하여 수시로 시험할 수 있으므로 사실상 횟수에 대한 기준은 큰 의미가 없는 것이다.

사진 9.4는 점성도 시험을 위한 플로우 콘의 규격과 시험사진을 보여준다.

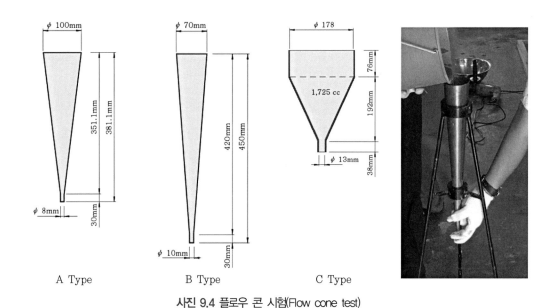

사진 9.4 플로우 콘 시험(Flow cone test)

(2) 블리딩 시험

블리딩은 콘크리트 또는 그라우트의 경화 과정에서 물이 표면으로 상승하는 현상으로 블리딩 율이 적을수록 유리하다. 즉, 블리딩에 의해 내부의 물이 표면으로 상승하는 과정에서 시멘트의 미립자를 표면으로 운반하여 미소공극 등이 만들어지기 때문이다.

보통 그라우트에서 블리딩 율은 0.5% 이하로 제한하고 있다.

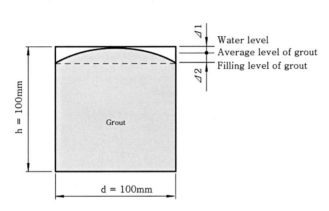

사진 9.5 블리딩 시험

시험에서 측정은 3시간 후와 24시간 경과 후 실시하며 아래의 값을 측정한다.

$$블리딩(\%) = \frac{\Delta 2}{h} \times 100, \; 팽창률(\%) = \frac{\Delta 1}{h} \times 100$$

(3) 압축강도시험

그라우트 압축강도는 7일 강도, 28일 강도를 확인하여야 하며 가급적 충분히 양생될 수 있도록 현장여건을 조성할 필요가 있다. 보통 현장에서 물/시멘트 비 관리가 잘 이루어지면 그라우트 강도 는 충분한 값으로 나타나며 그라우트의 강도가 부족한 경우 인장작업에서 마찰형 앵커는 유효 자유 장의 길이가 길게 나타나는 경향을 보이며 압축형 앵커는 늘음량이 불규칙적으로 나타나는 경향을 보인다.

3) 그라우트 주입

그라우트 작업은 천공 홀 하부로부터 충진되어 상부에 흘러넘칠 때까지 연속적으로 이루어져야 하며 그라우트 작업에 사용되는 그라우트 주입용 호스는 주입압에 대하여 충분한 견딜 수 있어야 한다. 또한 천공 홀에 대한 그라우팅 작업은 연속적으로 이루어져야 하므로 그라우트 믹서 플랜트는 혼합조 외에 그라우트를 저장할 수 있는 저장조가 확보되어야 한다.

보통 물/시멘트 비 45~50%의 그라우트 작업에서 그라우트의 양생속도는 의외로 빠르게 나타나며 현장에서 한두 시간 정도의 그라우트 중단만으로 추가 그라우트 주입이 불가해지는 경우가 종종 발생한다.

사진 9.6 그라우트 작업

그라우트 작업과정에서 자주 발생하는 문제는 그라우트 주입량이 예상치에 비해 많은 차이를 나타내는 경우이다. 이때 작업자는 그라우트 작업의 계속 여부를 두고 고민하게 된다. 그라우트가 천공 홀 상부로 흘러넘치지 않는 경우 천공 홀의 어느 위치까지 그라우트가 채워졌는지 알 수 있는 방법이 없기 때문이다. 때론 예상치의 수십 배 이상 주입되는 경우도 종종 있다.

이런 현상은 대상지반의 조건과 지하수의 흐름특성에 기인하는 것으로 천공기록에 의해 추정이 가능하다. 숙련된 천공 기술자의 경우 천공 중 나타나는 파쇄대, 지하 대수층 등의 위치를 개략 추정할 수 있으며 이런 경우는 일정구간에 연속적으로 나타나므로 초기에 나타나는 천공 홀에 대하여 그라우트를 충분히 주입해줄 필요가 있다.

첫 번째 천공 홀에 그라우트가 충분히 주입되면 인접된 천공 홀에 그라우트가 확산되어 점차 그라우트 주입량이 예상치와 비슷해지게 된다.

다른 해결방법으로는 천공 후 앵커 설치 전 프리그라우팅을 실시하고 약 1~2일 경과 후 재천공하는 방법과 그라우트 대신 시멘트 모르타르를 주입하여 극복하기도 한다.

일부 현장에서는 그라우트에 급결제를 첨가하는 경우가 있는데 이는 지반앵커 실패의 대표적 원인이 된다. 그라우트에 급결제를 첨가하면 그라우트의 강도특성이 현저히 저하되기 때문이다.

표 9.5 그라우트 작업 시 유의사항

구분	내용
배합비	• 시공 배합비 확인 및 물, 시멘트의 계량 여부
믹서플랜트	• 혼합조 저장조의 확보 여부 • 배합후 주입시간(보통 30분 이내) • 사용전력 확인 및 과전압 방지 및 누전대책 • 그라우트 주입량 관리 및 기록의 보존
연속 주입	• 연속주입을 위한 그라우트 양 확인(저장조 확인) • 천공 홀 하부로부터 주입(앵커 설치 시 그라우트 호스 결속상태 확인) • 천공 홀 상부로 over flow 확인

4) 그라우트 주입량

그라우트 주입량은 천공지반의 조건과 그라우트 주입방식에 따라 다르며 정확히 추정하는 것은 사실상 불가능하다.

그라우트 주입량을 계산하기 위해 대상지반의 간극률, 주입압에 따른 확산계수 등을 고려하여 계산하기도 하지만 대상지반의 불균질성과 현장 작업여건의 차이 등으로 정확히 산출해내기에는 아직도 역부족이다.

일반적으로 천공 홀 체적대비 확산에 의한 영향을 고려하여 100%의 할증을 적용하고 있으며 보통의 지반조건에서는 비교적 무리가 없다.

• 그라우트 주입량에 따른 시멘트 수량 산출 예(w/c=45%)
  – 산출 조건 : 천공 홀 Dia. =127mm
  – Grout 양 산출 : 천공 길이(m)당 홀 체적

$$\text{천공 홀 체적}(V_g) = \frac{\pi \times D^2}{4} \times 1.0m = \frac{\pi \times 0.127^2}{4} = 0.0127\text{m}^3$$

  – 시멘트량 산출 :

물/시멘트 비(w)=0.45, 시멘트 단위중량 c=3.15, 물 비중 γ_w=1.0

$$c = \frac{0.0127}{(1/3.15 + 0.45)} = 0.0165 = 16.5 \text{kg/m}$$

– 할증

간극률, 그라우트 주입에 따른 확산효과를 고려하여 할증률 100%를 적용한다.

16.5kg × 2.0 = 33kg/m

– 그라우트 배합비

w/c	시멘트	물
45%	120kg(3대)	54L
	160kg(4대)	72L
	200kg(5대)	90L
50%	120kg(3대)	60L
	160kg(4대)	80L
	200kg(5대)	100L

9.5 인장 및 두부보호

1) 인장작업

지반앵커에서 인장작업은 설계앵커력을 직접 목적하는 구조체에 작용토록 하여 지반앵커의 설치 목적을 달성하는 중요한 단계이다. 인장작업의 중요한 사항에 대해서는 4장에서 상세하게 설명되었으므로 본 장에서는 개략적인 사항만 언급한다. 인장작업 순서는 그림 9.5와 같으며 단계별 주요 검토사항은 표 9.6과 같다.

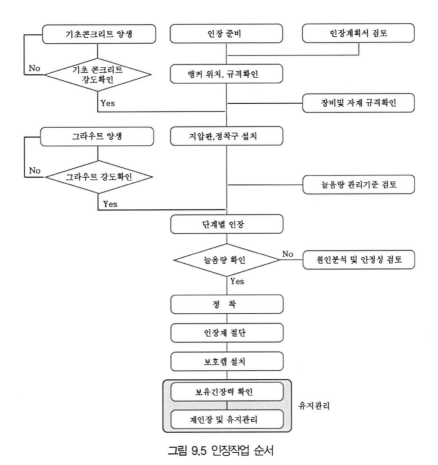

그림 9.5 인장작업 순서

표 9.6 인장작업 단계별 검토사항

구분	내용
인장계획서	• 설계도서의 늘음량 계산 근거 • 적합성시험 결과에 따른 관리기준 설정 • 인장력 손실을 고려한 초기인장력 계산 근거 • 인장보고서 기록 내용 및 표준양식 제시 • 그라우트 양생기간 및 그라우트 강도시험 결과 확인 • 안전관리계획
자재 및 장비	• 정착 헤드, 웨지, 정착너트 규격 및 시험성적서 • 지압판의 규격 및 구조계산서 확인 • 유압펌프 용량 및 규격, 유압 게이지 검·교정 시험성적서 • 유압 잭의 용량 및 규격 • 사용전력 확인 및 과전압 방지 및 누전방지 대책
결과 기록	• 인장 단계별 하중-늘음량 기록 • 인장기록 보고서의 작성 및 확인 • 재인장 계획 및 향후 유지관리 계획

지반앵커의 인장작업에서 인장력의 도입뿐 아니라 안전관리에도 유의하여야 한다. 간혹 인장작업 중 인장재의 파단으로 인장재가 튀어나가는 현상이 생기는데 이때의 힘은 매우 크며 살상이 가능한 정도의 큰 힘이다. 현장 관리자는 인장작업 중 작업자가 앵커의 축방향에 접근하지 않도록 조치하고 작업이 이루어질 수 있도록 해야 한다.

인장작업에 있어서 중요한 사항은 적합성시험을 통해 얻어진 자료와 설계도서에 명시된 늘음량 관리기준이 품질관리의 기준이 된다는 것이다. 인장작업은 그라우트의 품질에 직접적인 영향을 받으므로 인장작업 전 그라우트 양생기간 및 압축강도 시험결과는 반드시 확인되어야 하며 더불어 설계도서에서 검토된 늘음량 관리기준도 충분히 숙지하고 있어야 한다. 간혹 예기치 못한 이유로 설치된 앵커가 충분한 설계앵커력을 발휘하지 못하는 경우가 있는데 이런 경우 무리하게 인장하게 되면 결국 앵커는 인발되어 기능을 상실하게 된다. 예를 들어 400kN의 설계앵커력을 가진 앵커가 인장단계에서 300kN의 단계에서 늘음량이 관리기준과 상이하게 나타났다면 인장작업을 중지하고 원인을 분석하여 이 앵커의 사용 여부를 검토해야 하는 것이다. 이러한 예는 현장에서 종종 나타나는 경우로 누구에게 책임을 묻기 어렵다. 지반앵커공법의 본질적인 특성에 기인하는 시공오차인 것이다.

(a) 인장준비

(b) 인장기 설치

사진 9.7 인장작업순서

(c) 인장작업

(d) 인장완료

(e) 인장재 절단

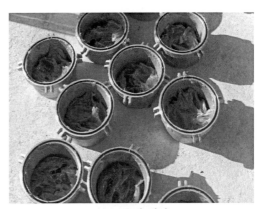

(f) 보호캡 설치

(g) 보호캡 설치 완료

사진 9.7 인장작업순서(계속)

2) 유압잭의 유효 단면적 및 게이지 압력

지반앵커의 인장작업에서 인장력은 유압펌프에 장착된 유압게이지에 의해 확인된다. 이때 유압게이지의 압력은 유압잭의 단면적과 관계되어 결정되며 유압잭의 유효단면적은 그림 9.6과 같이 계산한다.

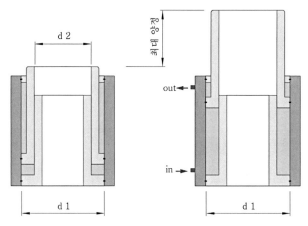

그림 9.6 인장잭의 유효단면적

그림 9.6에서 인장잭의 유효 단면적은 d_1 =145mm, d_2 =100mm인 경우

$$A_j = \frac{\pi(d_1^2 - d_2^2)}{4} = \frac{\pi(145^2 - 100^2)}{4} = 86.54\text{cm}^2$$

유압펌프의 토출유압은 $P = \dfrac{F}{A_j}$ 로 계산할 수 있으며 이때 유압게이지의 압력단위에 유의하여야 한다. 일반적으로 사용되는 압력단위는 표 9.7과 같다.

표 9.7 유압게이지 압력단위

구분	kgf/cm^2	bar	psi	kPa
kgf/cm^2	1	0.98	14.22	98.14
bar	1.02	1	14.50	100.05
psi	0.07	0.07	1	6.90
kPa	0.01	0.01	0.15	1

3) 인장재 절단 및 두부보호

인장작업 후 인장재를 절단하게 되는데 보통 2.0cm 이상의 여유를 두고 절단하여야 하며 가급적 열로 인한 변형이 발생하지 않도록 절단기를 이용하도록 한다. 부득이하게 산소 등을 이용하여 절단하는 경우에는 열로 인한 변형이 웨지가 고정된 정착부까지 영향 받지 않도록 충분한 여유길이를 확보해야 한다(보통 지름의 2배 이상, 3cm 이상).

실무에서 지반앵커 설계 및 시공 시 관련 엔지니어들이 상대적으로 인식이 부족한 부분은 앵커 정착구의 선정과 보호에 관한 문제이다. 이는 국내의 경우 앵커 정착구에 대한 구체적인 제원이나 시공기준이 명확치 않기 때문인 것으로 판단된다. 영구앵커에 적용되는 앵커헤드는 충분히 방청처리를 함으로써 외부 환경에 대해 보호될 수 있도록 해야 하며, 동시에 충분한 강도가 확보된 보호캡을 사용하여야 한다.

또한 보호캡은 탈부착이 가능한 구조로 적용되어야 하며 이는 유지관리를 위한 보유응력 측정(lift-off test), 재인장 등을 위한 것이다. 이때 재인장을 위한 인장재 여유길이가 너무 긴 경우에는 구조물의 사용성에 제한을 받게 되므로 가능한 재인장을 위한 여유길이가 짧은 정착구를 사용함이 유리하다.

4) 인장재 여유장이 부족한 경우

인장작업 중 간혹 앵커 설치과정에서의 착오로 인장재 여유장이 부족하여 인장작업이 곤란한 경우가 생긴다. 이런 경우 부득이 인장재를 연결해서 인장하게 되며 인장재의 동시인장이 불가능하게 된다. 인장재 연결을 위한 커플러를 이용하여 인장하는 경우에 인장재 각각 또는 2~3가닥씩 개별 인장하게 되며 이때는 개별인장에 대한 손실을 고려할 필요가 있다(보통 2~3% 정도의 오차가 나타난다).

5) 인장기록의 보존

지반앵커공법에서 모든 결과는 인장기록으로 확인되며 또한 인장기록은 향후 유지관리를 위한 기초자료가 된다. 따라서 작업자는 시공된 앵커 각각에 대하여 초기인장력, 하중－변위관계는 물론 인장기록을 보존하여 향후 유지관리를 위한 자료로 활용될 수 있도록 하여야 한다.

부 록

부록 01

앵커보강사면의 안정해석

1) 기본사항

앵커로 보강된 지반 및 구조물에 대한 안정해석은 한계평형방법(Limit Equilibrium Method) 또는, 유한요소해석(Finite Element Method)에 의해 수행되고 있으며, 일반적으로 한계평형법에 의한 안정성 해석이 보편적으로 적용되고 있다. 그러나 한계평형법에 의한 안정성 해석 시 앵커의 보강범위와 보강력에 대한 각각 다양한 이론을 바탕으로 각 해석프로그램별 서로 상이하게 적용되고 있는 실정이다. 따라서 본 장에서는 각 해석프로그램을 이용하여 앵커로 보강된 비탈면의 안정성 해석방법을 비교하여 실무적으로 대상 사면의 안정성평가를 위한 기법을 소개하고자 한다.

2) 한계평형법에 의한 해석

한계평형법에 의한 사면안정해석(slope stability analysis)은 힘의 평형조건이 한계상태에 이르렀을 때를 가정하여 안정성을 해석하는 방법으로 토체의 자중 및 외부하중에 의해 사면내의 활동면을 따라 파괴가 일어나려는 순간의 안정성을 해석하는 방법이다. 즉, 파괴면의 형상과 토체 내에 작용하는 힘에 대하여 적절한 가정을 설정함으로서 복잡한 지형적인 문제와 힘의 평형관계를 단순화시키면 간단한 정역학적 이론으로 해를 얻을 수 있게 된다. 이러한 한계평형해석법의 유용성과 신뢰성은 현재까지 축적된 경험을 통하여 잘 알려져 있으며, 이로 인해 국내외적으로 절성토 사면의 안정해석에 널리 사용되고 있다.

이러한 한계평형이론에 의한 사면안정 해석 결과는 일반적으로 다음과 같은 요소에 의해 지배된다. 즉,

① 해석 시 적용되는 지반전단강도값의 설정

② 사면의 기하학적 조건 및 지층, 지하수 조건의 설정

③ 사면보강을 위해 적용되는 별도의 보강공법에 대한 불확실성

④ 사면에 대한 설계수명의 가정(영구구조물 또는, 임시구조물) 등

상기 항목 중에서도 사면안정해석결과의 신뢰도는 지반강도정수와 사면의 기하학적 조건의 정확도 및 각 해석방법별 고유의 정밀도에 따라 좌우되는데, 대부분의 경우에 있어서는 각 사면안정해석 방법의 차이보다는 강도정수와 기하학적 조건에 대한 가변성이 안정해석결과에 더 큰 영향을 미치는 것이 일반적이다. 이는 역설적으로 사면안정 해석 시 지반강도정수를 정확히 선정하는 것이 사면안정해석의 가장 중요한 요소임을 알 수 있다.

사면의 기하학적 조건은 파괴면의 형상을 결정하기 위한 가정사항으로서 한계평형해석 시 사면의 파괴형상은 임의로 가정할 수 있으며, 이때 토체는 파괴면을 따라 활동한다고 가정한다.

한편, 토사 사면의 파괴면은 일반적으로 곡면이지만 지형 및 지반조건에 따라 평면으로 형성될 수도 있다. 따라서 사면의 안정해석방법을 선정함에 있어서 대상지형 및 지반조건에 대한 파괴면의 가정 시 곡면 또는, 직선형 및 복합면으로 형성될 여부에 따라 적절한 사면안정 해석방법을 결정해야 한다.

일반적으로 한계평형법에서 토체의 안전율은 다음과 같이 정의한다.

$$F.S. = \frac{s}{\tau} \tag{1}$$

여기서, 전단강도(s) 식은 Mohr-Coulomb 규준 식으로 표현할 수 있으므로 식 (1)은 다음과 같이 표현된다.

$$\tau = \frac{c + \sigma \cdot \tan\phi}{F.S.} = \frac{c}{F.S.} + \frac{\sigma \cdot \tan\phi}{F.S.} = c_d + \sigma \cdot \tan\phi \tag{2}$$

즉, $c_d = \dfrac{c}{F.S.}$, $\tan\phi_d = \dfrac{\tan\phi}{F.S.}$ 이며, 여기서, c_d와 ϕ_d는 발휘된 점착력과 마찰각을 의미한다.

한편, 사면전체의 안전율은 힘의 평형법 또는 모멘트 평형법으로부터 산출하게 되고, 이때 힘의 평형에 의한 안전율은 활동면 전체에 일어나는 전단강도와 전단응력의 비로 나타내며, 모멘트 평형

에 의한 안전율은 토체 전체의 활동중심에 대한 저항모멘트와 활동모멘트의 비로 나타낸다.

3) 절편법(Method of Slice)에 의한 한계평형해석

실무적으로 사면안정해석시 대상사면은 대부분 다층지반으로 이루어져 있으며, 이러한 지반특성을 고려하여 실무적으로 많이 사용되는 사면안정해석 프로그램들은 대부분 절편법을 이용한 한계평형해석법을 적용하고 있다. 그러나 절편법에 의한 사면안정해석은 힘의 평형방정식에서 미지수의 개수가 방정식의 수보다 많은 부정정의 문제를 내포하고 있다. 따라서 해를 얻기 위해서는 미지수의 수와 방정식 수의 차이를 보완할 수 있도록 별도의 개수만큼의 가정을 설정해야만 한다.

한편, 사면의 안전율을 구하기 위해서는 가정된 파괴면의 활동면상에서 각 점마다 전단응력과 전단강도를 산정해야 하는데, 일반적으로 흙의 자중에 의한 수직응력은 작용위치에 따라 달라지고 지반물성(soil characteristics)과 간극수압도 역시 각 위치마다 상이하므로 전체적인 안정성(global stability)을 단 한 번의 계산만으로 구할 수 있는 기준점을 선정하는 것은 매우 어려움이 일반적이다. 따라서 절편법(method of slice)을 이용하여 파괴면 내에 위치하는 토체를 수개의 연직절편으로 분할하고 각 절편에 작용하는 힘과 저항하는 힘과의 평형을 고려하여 전체적인 안정성을 평가하게 된다.

즉, 대상 사면 전체를 n개의 슬라이스로 분할하여 각 슬라이스에 작용하는 힘의 요소에 대해서 힘의 평형, 또는 모멘트 평형의 합을 이용한다면 안전율은 다음과 같이 나타낼 수 있다.

$$F.S. = \frac{\sum s_i}{\sum \tau_{(equ)_i}} \tag{3}$$

$$F.S. = \frac{\sum M_{r_i}}{\sum M_{d_i}} \tag{4}$$

여기서, s : 임의의 절편에서 작용하는 전단강도

$\tau_{(equ)_i}$: 임의의 절편에서 힘의 평형을 위한 전단응력

M_{r_i} : 임의의 활동면에 대한 저항모멘트

M_{d_i} : 임의의 활동면에 대한 활동모멘트

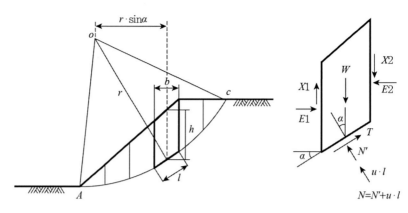

그림 1 임의의 절편에 작용하는 하중조건

힘과 모멘트 평형조건을 모두 만족시키는 사면안정 해석법에서는 각 절편마다 3개의 방정식인 연직력, 수평력, 모멘트 평형식을 이용하게 된다. 즉, 절편의 수가 n이면 3n개의 방정식이 형성되며, 이때 미지수는 힘의 평형과 모멘트 평형조건에 따라 다음과 같이 된다.

(1) 힘의 평형조건을 고려 시

미지수는 ① n개의 절편 저면의 유효수직력, ② n-1개의 절편측면의 전단력, ③ n-1개의 절편측면의 유효수직력, ④ 그리고 각 절편마다의 안전율은 n개이나 절편법에 의한 사면안정해석에서 편의를 위해 각 절편의 안전율을 동일한 것으로 가정하고 이것을 전체사면의 안전율로 정의한다. 따라서 힘의 평형조건을 고려할 때는 3n-1개의 미지수가 도출된다.

(2) 모멘트 평형 조건을 고려 시

힘의 평형조건에 추가로 n개의 각 절편에 작용하는 수직력의 위치, n-1개의 각 절편에 작용하는 수평력의 위치, 따라서 모멘트 형평을 위해 추가로 2n-1개의 미지수가 관여하게 된다.

따라서 힘과 모멘트 모두의 평형을 고려하는 데는 총 5n-2개의 미지수가 있게 되며, 이때 방정식 수는 3n이어서 결국 2n-2차 부정정이 된다. 즉, 이 부정정 차수를 극복하기 위해서는 '어떤 가정'을 설정해야 하며, 여기서 이러한 '어떤 가정'에 따라 한계평형해석결과가 다소 상이하게 나오는 경향이 있다.

한편, 절편의 저면에 작용하는 유효수직응력의 작용위치는 절편의 중앙점이라 가정해도 큰 오차는 일어나지 않는다. 특히 절편의 폭이 좁을수록 그 오차는 감소하는 경향이 있으므로 이 가정에 의하여 n개의 미지수가 제거되어 2n-2＋n＝n-2차의 부정정이 된다. 다시 절편의 측면에 작용하는 수직응력과 전단력의 합력이 수평면과 이루는 경사각과 위치를 가정함으로써 n-1개의 미지수가 제거된다. 따라서 문제는 미지수의 수가 방정식의 수보다 1개 더 적은 것으로 귀착한다. 이러한 한계평형법의 여러 가지 이론에 대한 설명이 표 1에 요약되어 있다.

표 1 다양한 한계평형해석이론

해석 방법	특징
Fellenius's method (Fellenius, 1927)	• 원호형 파괴면에만 적용 가능 • 모멘트 평형조건은 만족하지만 힘 평형조건은 불만족
Bishop's Modified method (Bishop, 1955)	• 원호형 파괴면에만 적용 가능 • 모멘트 평형조건과 수직력 평형조건 만족 • 힘 평형조건은 불만족
Janbu's method (Janbu, 1968)	• 모든 파괴면 형태에 적용 가능 • 모든 평형조건 만족 • 수평력 작용점 위치 변화 가능 • 모멘트 평형조건은 불만족
Morgenstern & Price's Method (Morgenstern & Price, 1965)	• 모든 파괴면 형태에 적용 가능 • 모멘트 평형 및 힘 평형조건 만족 • 수평력 작용점 위치 변화 가능
Spencer's method (Spencer, 1965)	• 모든 파괴면 형태에 적용 가능 • 모멘트 평형 및 힘 평형조건 만족 • 수평력 수평방향으로 가정

절편의 측면에 작용하는 힘 E와 X 사이의 관계(X/E), 또는 작용선의 위치(h)를 가정하는 방법에 따라, 한계평형 이론에 의한 사면안정해석법은 위의 표와 같이 여러 방법이 제안되어 있다. 이들 중 일부는 직접 안전율을 계산할 수 있고(linear method) 나머지는 안전율을 얻기 위하여 반복계산을 할 필요가 생긴다(nonlinear method). 또한 모멘트 평형을 생각할 때 얻어지는 안전율 F_m 과 힘의 평형을 고려하여 얻어지는 안전율 F_f을 얻을 수 있게 되는데 이 두 값은 상이한 것이 보통이다. 참고로 절편측면의 유효수직력과 절편측면의 전단력이 이루는 각(θ)에 대해서만 $F_m = F_f$의 결과를 얻을 수 있다는 것이 Spencer 방법이 기초가 되고 있다.

한편, 이러한 절편법을 이용한 각 해석법들은 서로 다른 가정 하에 성립된 것이므로 계산된 안전율이 상이한 것은 물론 당연한 것이며, 또한 그 어느 것도 정확한 해일 수는 없을 것이다. 그러나 이들 여러 방법을 적절히 사용하면 실용적으로 타당성 있는 결과를 얻을 수 있다.

전술한 바와 같이 사면안정 해석법은 절편의 측면에 작용하는 힘에 대한 가정에 따라 다른 방법이 개발되었으며, 여기서 주요 방법들에서 설정한 가정사항을 요약하면 표 2와 같다.

표 2 각 제안자별 한계평형해석법에 적용된 가정사항

해석방법	각 절편 간의 작용력에 대한 가정사항
Fellenius's method	• 절편의 수직력과 수평력의 합을 각각 0으로 함 • 안전율 과소평가 및 유효응력으로 해석 곤란
Bishop's method	• 절편 연직력의 합을 0으로 고려 • 전응력 유효응력 해석이 가능하고 안전율의 정확도가 실용상 충분함
Janbu's method	• 횡방향력 작용위치 가정 • Bishop과 같이 절편의 양측에 작용하는 연직방향의 합력 무시(X1−X2＝0)
Morgenstern & Price	• 측방향력의 경사각을 θ로 표시 • 수직방향과 접선방향의 평형뿐만 아니라 모멘트 평형도 고려
Spencer's method	• 절편 수평력의 작용각을 일정하게 가정

절편법에 의한 사면의 안정해석은 기본적으로 원호파괴를 가정하여 해석을 실시한다. 그림에서 호 AC는 가상 파괴면을 나타내는 원호로서 가상 파괴면상의 흙을 수 개의 수직 절편으로 분할한 것으로써, 이때 이 절편의 폭은 일정하지 않을 수 있다. 사면의 단면방향에 직각으로 단위두께를 고려하면, n번째 절편에 작용하는 힘은 그림 2와 같다. W_n은 n번째 절편의 중량이고 힘 N_r과 T_r은 반력 R의 법선 및 접선성분이다. P_n과 P_{n+1}은 절편 양쪽 면의 법선방향으로 작용하는 수평력이고, T_n과 T_{n+1}은 절편에 작용하는 접선력이다.

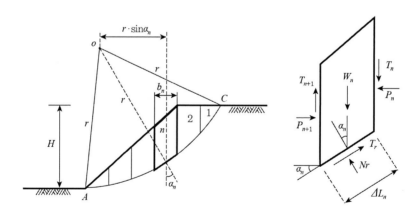

그림 2 절편법을 이용한 사면안정해석

한편, 힘의 평형조건으로부터 N_r, T_r은 다음 식으로 표현할 수 있다.

$$N_r = W_n \cos\alpha_n \tag{5}$$

전단저항력은 다음과 같이 표현할 수 있다.

$$T_r = \tau_d(\Delta L_n) = \frac{\tau_f(\Delta L_n)}{F_s} = \frac{(c + \sigma\tan\phi) \cdot \Delta L_n}{F_s} \tag{6}$$

여기서 법선응력 σ는 다음과 같다.

$$\frac{N_r}{\Delta L_n} = \frac{W_n\cos\alpha_n}{\Delta L_n}$$

가상의 파괴 흙쐐기 ABC의 평형조건으로부터 점 O에 대한 활동모멘트와 저항모멘트는 다음과 같다.

$$\sum_{n=1}^{n=p} W_n r \sin\alpha_n = \sum_{n=1}^{n=p} \frac{1}{F_s}\left(c + \frac{W_n\cos\alpha_n}{\Delta L_n}\tan\phi\right)\Delta L_n \cdot r \tag{7}$$

즉, 상기 식들을 정리하면, 안전율은 다음과 같이 정리된다.

$$F_s = \frac{\displaystyle\sum_{n=1}^{n=p}(c \cdot \Delta L_n + W_n\cos\alpha_n\tan\phi)}{\displaystyle\sum_{n=1}^{n=p} W_n\sin\alpha_n} \tag{8}$$

실무적으로 최소안전율을 구하기 위해서는 원호 중심을 여러 번 옮기거나 원호의 반지름 크기를 변경해가며 수회에 걸쳐 시도하게 되고 이때 최소안전율이 나오는 원호를 파괴면으로 가정한다. 이러한 방법을 일반적으로 절편법(Ordinary Method of Slices)으로 통용된다.

한편, 1955년 Bishop은 절편법보다 좀 더 정밀한 해석방법을 제안하였다. 이 방법 또한 원호파괴에 대해서 설명하고 있으며 절편 양쪽 방향에 작용하는 힘의 영향을 임의의 각도까지 고려하였다. $P_n - P_{N+1} = \Delta P$, $T_n - T_{n+1} = \Delta T$라 놓고, 다시 정리하면 다음 식으로 표현할 수 있다.

$$T_r = N_r (\tan\phi_d) + c_d (\varDelta L_n) = N_r \left(\frac{\tan\phi}{F_s} \right) + \frac{c\varDelta L_n}{Fs} \tag{9}$$

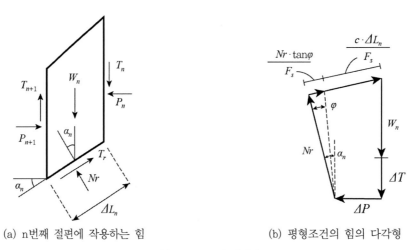

(a) n번째 절편에 작용하는 힘   (b) 평형조건의 힘의 다각형

그림 3 Bishop의 절편법

그림의 n번째 절편에 작용되는 힘의 평형다각형으로부터, 절편에 수직한 방향의 힘을 더하면 다음과 같다.

$$W_n + \varDelta T = N_r (\cos\alpha_n) + \left[\frac{N_r \tan\phi}{F_s} + \frac{c\varDelta L_n}{Fs} \right] \sin\alpha_n \tag{10}$$

즉, $N_r = \dfrac{W_n + \varDelta T - \dfrac{c\varDelta L_n}{Fs} \sin\alpha_n}{\cos\alpha_n + \dfrac{\tan\phi \cdot \sin\alpha_n}{F_s}}$ 이 된다.

또한 그림에서 흙쐐기 ABC의 평형조건으로부터, 점 O에 대하여 모멘트를 취하면

$$\sum_{n=1}^{n=p} W_n r \sin\alpha_n = \sum_{n=1}^{n=p} T_r r \tag{11}$$

여기서,

$$T_r = \frac{1}{F_s}(c + \sigma \tan\phi)\Delta L = \frac{1}{F_s}(c\Delta L_n + N_r \tan\phi) \qquad (12)$$

식 (12)에 식 (11)과 식 (12)를 대입하면

$$F_s = \frac{\displaystyle\sum_{n=1}^{n=p}(cb_n + W_n\tan\phi + \Delta T \tan\phi)\frac{1}{m_{\alpha(n)}}}{\displaystyle\sum_{n=1}^{n=p} W_n \sin\alpha_n} \qquad (13)$$

여기서, $m_{\alpha(n)} = \cos\alpha_n + \dfrac{\tan\phi \cdot \sin\alpha_n}{Fs}$ $\Delta T = 0$이라고 놓으면, 식 (13)은 다음과 같다.

$$F_s = \frac{\displaystyle\sum_{n=1}^{n=p}(cb_n + W_n\tan\phi)\frac{1}{m_{\alpha(n)}}}{\displaystyle\sum_{n=1}^{n=p} W_n \sin\alpha_n} \qquad (14)$$

이 식에서 양 변에 F_s가 있으므로 안전율을 구하기 위해서는 시행착오법(trial and error)을 사용하여야 하며, 절편법에서와 같이 최소안전율을 가진 파괴면을 구하기 위하여 여러 개의 파괴면을 가정하여 계산을 수회 반복하여 구하게 된다.

앞서 설명한 절편법(ordinary method of slices)과 Bishop의 간편법을 이용한 안정해석의 경우 정상침투(steady state seepage)가 발생할 때, 간극수압을 고려하게 되는데 이때 n번째 절편에 대한 바닥에서의 평균간극수압은 $u_n = h_n\gamma_w$이고, 전수압은 $u_n b_n$이다. 따라서 절편법에 의한 안전율 공식은 다음과 같이 수정된다.

$$F_s = \frac{\displaystyle\sum_{n=1}^{n=p}(c\Delta L_n + W_n\cos\alpha_n - u_n\Delta L_n)\tan\phi}{\displaystyle\sum_{n=1}^{n=p} W_n\sin\alpha_n} \qquad (15)$$

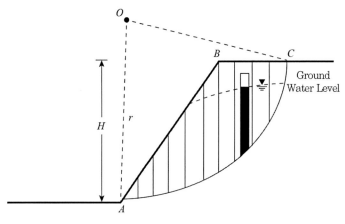

그림 4 정상침투상태의 사면안정해석

마찬가지로, Bishop의 간편법에 의한 안전율 공식은 다음과 같이 수정된다.

$$F_s = \frac{\sum_{n=1}^{n=p}[c\Delta L_n + (W_n - u_n b_n)]\dfrac{1}{m_{\alpha(n)}}}{\sum_{n=1}^{n=p} W_n \sin\alpha_n} \tag{16}$$

4) 절편법(Method of Slice)을 이용한 앵커보강사면의 안정해석

절편법을 이용하여 보강재(reinforcement)에 의해 보강된 사면의 안정성을 해석할 경우 보강재에 의한 보강력은 수평방향(또는 수직방향) 힘의 평형방정식 혹은 모멘트 평형방정식에 반영할 수 있다.

Bishop의 간편법은 각 슬라이스 간 수평방향의 힘은 고려하지 않기 때문에 보강력을 수평방향 요소에는 고려하지 않고 수직방향의 힘 요소에 고려하여 모멘트 평형식에 반영하여 안전율을 산출한다.

그림 5와 같이 앵커가 파괴면을 지나도록 설치되어 있을 경우 앵커에 작용하는 하중 P는 슬라이스 바닥에서의 접선방향 $P\cos(\alpha+\theta)$와 수직방향의 $P\sin\theta$로 나누어 S(shear force)와 N(normal force)에 반영한다.

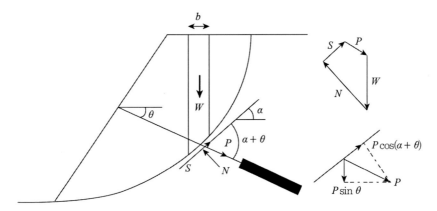

그림 5 앵커보강 사면의 안전율 계산

수직방향에 대한 평형방정식을 정리하면 식 (17)과 같다.

$$N\cos\alpha + S\sin\alpha = W + P\sin\theta \tag{17}$$

슬라이스 바닥을 따라 발휘되는 전단강도(mobilized shear strength)는 식 (18)과 같다.

$$S = \frac{1}{F.S}(cl + N\tan\phi) \tag{18}$$

식 (17)과 (18)을 정리하면, 식 (19)와 같다.

$$S = \frac{1}{F.s \cdot m_\alpha}[cb + (W + P\sin\theta)\tan\phi] \tag{19}$$

여기서,

$$m_\alpha = \cos\alpha + \sin\alpha\frac{\tan\phi}{F.S} = \cos\alpha + \sin\alpha\,\tan\phi_m$$

저항모멘트(resisting moment)와 활동모멘트(driving moment)에 대한 평형방정식을 정리하면 다음과 같다.

$$\sum\left[W\sin\alpha - P\cos\left(\alpha+\theta\right)\right] = \sum\frac{\left[cb+\left(W+P\sin\theta\right)\tan\phi\right]}{Fs\cdot m_{\alpha}} \tag{20}$$

따라서 안전율은 다음과 같다.

$$F.S. = \frac{\sum\left[cb+\left(W+P\sin\theta\right)\tan\phi\right]/m_{\alpha}}{\sum\left[W\sin\alpha - P\cos\left(\alpha+\theta\right)\right]} \tag{21}$$

5) 수치해석기법(강도감소법)을 이용한 앵커보강사면의 안정해석

일반적인 한계평형해석법은 기본적으로 다음과 같은 가정사항에 근거한다.

① 가상파괴면을 통해 결정된 안전율은 모든 위치에서 동일하며, 동시에 가상파괴면을 따르는 토체는 강체로 가정함
② 해석 시 적용되는 지반강도정수는 일관된 값으로 적용되며, 응력−변형률 거동은 해석 시 고려되지 않음
③ 절편 측면에 작용하는 힘(interslice force)의 가정조건에 따라 안전율 편차 발생

결국은 한계평형해석법의 이러한 단점을 보완하기 위해 근래에 실무적으로 유용하게 사용되는 수치해석기법(강도감소법)은 컴퓨팅 기술의 발달로 유한차분법 또는 유한요소법 등을 이용하여 포괄적으로 적용되고 있다. 이러한 수치해석기법(강도감소법)에 의한 사면안정성 평가는 통상적으로 다음과 같이 수행한다.

① 가상활동면을 강제로 정의할 수 없으므로 재료의 소성파괴가 발생할 때까지 재료 강도를 일정 비율로 감소시키거나 발생응력수준(stress level)을 일정 비율로 증가시킴
② 재료 파괴 시의 그 비율을 최소안전율로 선정하고, 이때 발생한 소성파괴 영역을 파괴 토체로 가정함

즉, 수치해석적 방법은 해석을 수행하고자 하는 대상을 작은 물체나 단위(유한개의 요소)로 나누고 그 요소(element)들을 두 개 이상의 요소들이 공유하는 점(node)이나 경계선 또는 경계면으로 연결된 대등한 시스템으로 만드는 이산화(discretization) 혹은 격자분할 과정을 거쳐 각각의 유한요소에 대한 방정식을 세우고, 그들을 조합하여 전체 물체에 대한 방정식을 구하는 방법이다.

그림 6은 이러한 유한요소법을 이용한 사면안정해석의 예를 나타낸 것이다.

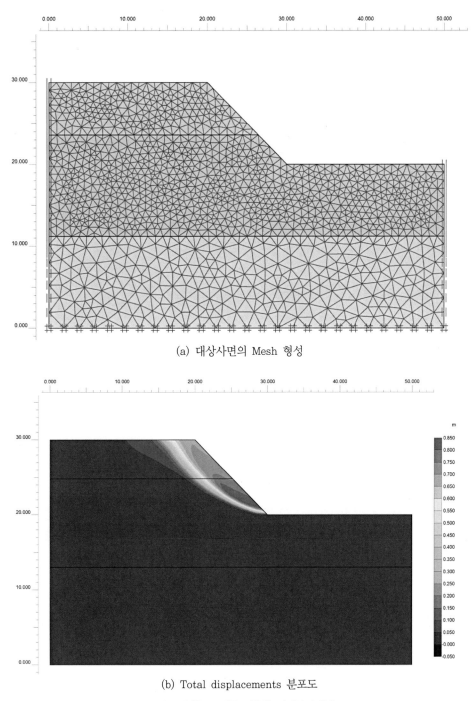

(a) 대상사면의 Mesh 형성

(b) Total displacements 분포도

그림 6 유한요소법을 이용한 사면안정해석

유한요소법을 이용한 사면안정해석은 사면의 각 지점의 힘 평형조건과 적합조건, 구성방정식 및 경계조건을 모두 만족시키는 정밀한 근사해법으로 사면의 파괴활동에 대한 사전의 가정 설정(예로서, 가상파괴면 형상 또는 범위) 없이 자동으로 파괴과정을 묘사할 수 있고 응력뿐만 아니라 변형률 또는 변위해석이 가능하다는 장점을 가지고 있다.

그림 6은 유한요소법을 이용한 사면안정해석의 예를 나타낸 것으로 이러한 수치해석을 이용한 사면의 안전율은 실무적으로 전단강도감소법(shear strength reduction method)을 이용하여 분석할 수 있다. 전단강도 감소법은 입력된 전단강도의 파라미터(c, ϕ)에 별도의 전단강도감소계수(Strength Reduction Factor, SRF)를 이용하여 반복적으로 점차 전단강도를 감소시켜가면서, 사면의 파괴 발생시점까지 해석을 수행한다. 즉, 점착력 c와 내부마찰각 $\tan\phi$를 일정비율(SRF)로 감소시켜 재료의 파괴를 유발하고 이로 인해 해석이 발산되는 시점을 파괴로 간주하며, 그때의 강도 저하율을 최소안전율로 정의한다.

그러나 여기서 주의할 점은 각 단계별 전단강도감소계수는 대상사면의 각 단계별 안전율을 의미하지는 않는다는 것이다. 즉, 단지 파괴 발생시점의 전단강도감소계수만이 그 사면의 최소안전율로 적용함이 적절할 것이다. 이러한 전단강도감소계수는 다음과 같이 정의한다.

$$\tau_f = c_f + \sigma \cdot \tan\phi_f \tag{22}$$

여기서, $c_f = \dfrac{c}{SRF}$, $\phi_f = \tan^{-1}\left(\dfrac{\tan\phi}{SRF}\right)$

즉, 유한요소법 또는 유한차분법에 의한 수치해석 시에는 실제지반의 점착력 c와 내부마찰각 ϕ를 시행안전율(FS_{trial})로 나누어 일련의 해석을 반복 수행하며, 입력 물성치와 시행안전율과 이로 인해 감소된 지반 물성치와의 관계는 그림 7과 같이 나타낼 수 있다.

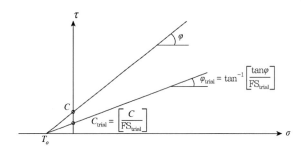

그림 7 강도감소율과 지반전단강도와의 관계

이때 지반의 파괴포락선과 시행안전율에 의해 감소된 파괴포락선은 그림 7에 도시된 바와 같이 동일한 인장강도(T_o) 조건에서 단지 기울기만 감소한 직선으로 나타나게 되며, 감소된 강도정수에 의해 파괴포락선이 임의 요소점에서의 Mohr응력원에 접하게 되면 그때의 응력상태를 파괴상태로 간주하고 이때의 시행안전율(FS_{trial})은 최종적인 파괴 발생시점의 전단강도감소계수로 고려하여 해석결과의 안전율로 결정하게 된다. 이러한 일련의 안전율을 구하는 과정은 다음 그림 8에 나타나 있다.

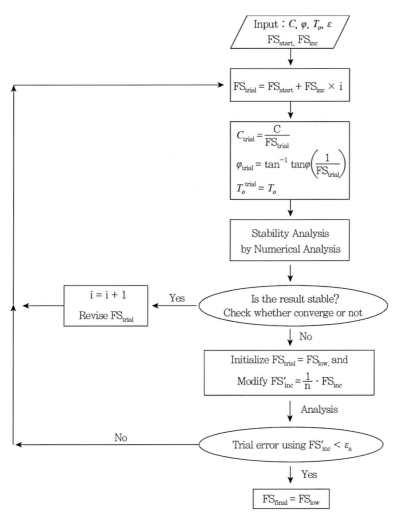

그림 8 수치해석기법(강도감소법)을 이용한 안전율 계산과정

즉, 강도감소법은 점진적으로 전단강도를 감소시키면서 파괴상태를 찾게 되는데 예를 들어 초기 안전율을 1.0으로 정하고 이 해석결과가 수렴하면 시행안전율(FS_{trial})을 일정간격(예를 들어 $FS_{\in c}$ = 0.2)으로 증가시켜가며 해석을 수행한다. 이때 해석에 사용되는 지반의 강도정수는 점차감소하게 되며, 만일 해석결과가 일정값(예를 들어 1.4)에 수렴하지 않을 경우 실제 안전율은 1.0~1.4의 범위에 있게 되고 이 범위에서 일정간격으로 시험안전율을 증가시켜가면서 반복해석을 수행한다. 이렇게 해석된 결과값이 사용자가 사전에 정의한 허용오차(ϵ_a)보다 작아 질때지 반복계산하며, 최종적으로 수렴된 값이 해석결과의 안전율로 결정된다. 한편, 앞서 설명한 한계평형해석과 수치해석기법(강도감소법)을 이용한 사면안정성 검토방법을 비교하면 표 3과 같다.

표 3 한계평형해석과 수치해석기법(강도감소법)의 비교

구분	한계평형해석	수치해석기법(강도감소법)
개요	• 임의의 가상활동면에 대한 힘(force)이나 모멘트의 평형으로부터 재료의 전단강도(점착력과 내부마찰각)를 이용하여 계산 • 주어진 임의의 가상활동면에서 발생하는 전단력을 재료의 전단강도로 나누어 그 비율이 최소가 되는 면을 임계활동면이라 하고 이때의 안전율을 최소안전율로 정의	• 가상활동면을 강제로 정의하지 않고 단지 재료의 소성파괴가 발생할 때까지 재료의 강도를 일정비율로 감소시키거나 응력수준(stress level)을 일정 비율로 증가시켜 계산 • 전단강도 정수를 일정비율(SRF)로 감소시켜 재료의 파괴를 유발하고 이로 인해 해석이 발산되는 시점을 파괴로 간주하며, 그때의 강도저하율을 최소안전율로 정의
장단점	• 임의의 활동면에 대한 변형을 고려치 않으며 단지 활동면에 대한 응력 또는 힘만을 고려한 가상파괴면에 국한됨 • 사면자체의 국부적인 응력이나 변형으로 인한 안정성을 계산하는 것이 불가능	• 임계활동면을 임의로 가정하지 않고 자동계산에 의해 결정하므로 임계파괴면의 기하학적 형태는 실제파괴형상과 유사 • 사면 제체내에 연약층(weak plane)이 존재하는 경우와 같이 국부적응력이나 변형을 고려함으로써 상대적인 변형 취약부를 예측 가능

일반적으로 단일층으로 이루어진 사면에서는 한계평형해석 결과와 전단강도 감소법에 의한 해석결과는 거의 유사함이 일반적이나 이질층으로 이루어진 다소 복잡한 지반 및 수압조건에서는 해석결과의 오차가 발생하며, 특히 사면경사가 커질수록 해석결과의 편차는 더욱 증가하는 경향을 보임이 일반적이다.

6) 한계평형법에 의한 앵커보강사면의 해석 예

한계평형해석을 이용한 앵커보강사면의 안정해석방법을 설명하기 위해 본 절에서는 국내에서 일반적으로 많이 이용되는 SLOPE/W 프로그램을 하였으며, 이를 위한 대표단면 및 지반물성치는 다음과 같이 가정하였다.

(1) 해석단면 설정

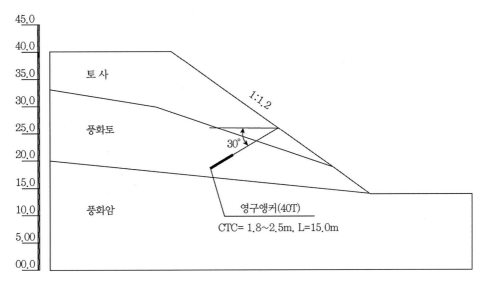

그림 9 해석단면

(2) 지반물성치 설정

표 4 적용지반 물성치

구분	단위중량 (kN/m³)	점착력 (kPa)	내부마찰각 (°)	탄성계수 (MPa)	포아송 비
토사	18	10	30	30	0.33
풍화토	19	30	33	50	0.30
풍화암	20	50	35	100	0.26

(3) SLOPE/W 프로그램을 이용한 앵커보강사면의 안정해석 예

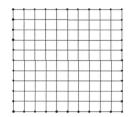

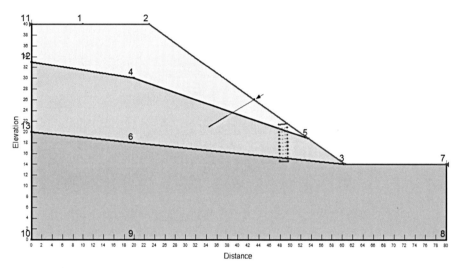

그림 10 해석 모델링

그림 11 앵커보강재 입력물성치

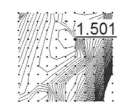

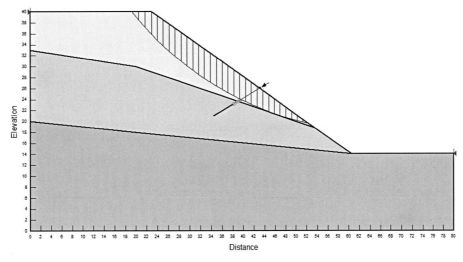

그림 12 한계평형 해석결과

7) 수치해석기법(강도감소법)을 이용한 앵커보강사면의 해석 예

본 절에서는 앵커보강사면 해석을 위한 수치해석(강도감소법)방법으로 국내에서 일반적으로 많이 이용되는 PLAXIS 프로그램을 이용하였으며, 해석단면 및 해석 지반물성치는 한계평형해석조건과 동일하게 적용하였다.

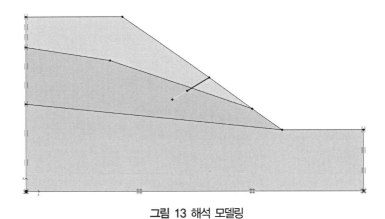

그림 13 해석 모델링

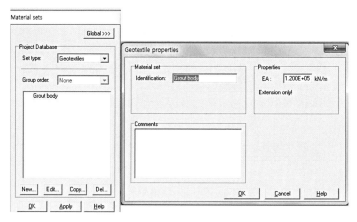

그림 14 앵커보강재 입력물성치

　　한편 수치해석(강도감소법)에 적용되는 앵커보강재의 입력물성치는 한계평형해석조건과 다소 다르게 적용된다. 즉, 한계평형해석에는 구체적인 앵커작용하중을 입력하여 힘 또는 모멘트 평형해석법으로 안전율을 산정하나 수치해석(강도감소법)에서는 앵커체와 지반과의 일체거동을 모사함으로써 앵커 자유장부와 정착부의 축강성만을 적용함이 일반적이다. 그림 15는 이러한 방법을 이용하여 산정된 수치해석(강도감소법) 결과를 나타낸 것으로 최종 수렴된 강도감소분(최종안전율)은 1.478로 산정됨을 알 수 있다.

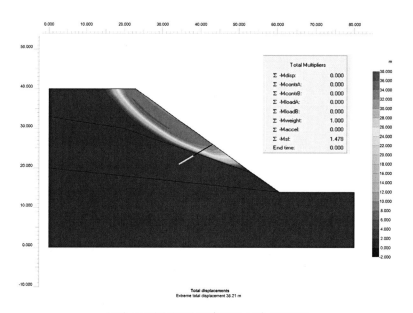

그림 15 전단강도감소법(유한요소법) 해석결과

부록
02

지반앵커 공사 관련 서식

1) 그라우트 시험 보고서

팽창성 및 점성도 시험											
일시	20 년 월 일										
일기				기온				수온			
W/C				혼화제				시멘트			
앵커 번호			작업시간			유하시간(초)			특기사항		
천공 직경			길이			m	시멘트 사용량				대
시험시간	실린더높이		블리딩					팽창			
			3시간		24시간		3시간		24시간		
		mm	mm	%	mm	%	mm	%	mm	%	
		mm	mm	%	mm	%	mm	%	mm	%	

점성도(FLOWTIME)   BLEEDING.팽창성

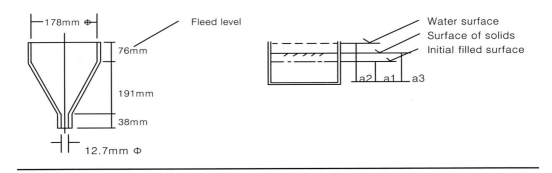

2) 그라우트 압축강도 시험 성과표

그라우트 압축강도 시험 성과표						
1. 공사명 :						
2. 날 짜 :			4. 시험자 :			
3. 작업자 :			5. 확인자 :			
시료번호	배합비(W/C)	재령(일)	시료크기 (L-H-D)	파괴하중 (kg)	강도 kg/cm^2	비고

3) 천공 및 그라우팅 보고서

천공 및 그라우팅 보고서

공 사 명 :

No.	Length	Date	Drill Dia.	Type of Ground					Grouting				Remark
				토사	풍화암	연암	보통암	계	w/c	시멘트	혼화제	주입압	
	(m)		(mm)	(m)	(m)	(m)	(m)	(m)	%	kg	kg	kg/cm^2	
1													
2													
3													
4													
5													
6													
7													
8													
9													
10													
11													
12													
13													
14													
15													
16													
17													
18													
19													
20													

Note :

4) 인장보고서

Project :

By :			Date :		Jack No. :			Gauge No. :		
Step	Force	U.T.S	Pressure	Extension(mm)						Remarks
				Strand			Stroke			
	(ton)	(%)		Meas.	Diff.	Total	Min.	Max.	Total	
A.L										
1										
2										
3										
4										

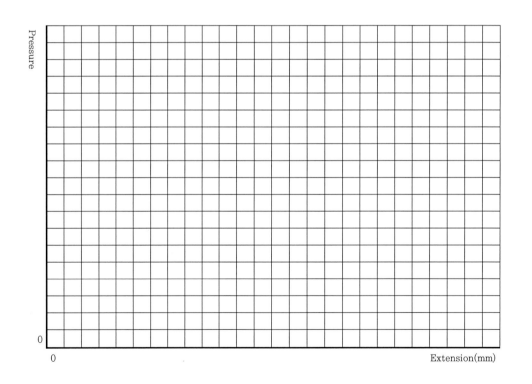

Pressure

0

0   Extension(mm)

RECORD OF SUITABILITY TEST

Anchor No.		Design Free Anchor Length (Lf)		Site	
Type		Fixed Anchor Length (Lb)		Date of Grouting	
Test Load(Tp)		Grip Length of stressing jack		Date of stressing	
Design Working Load(Td)		Tendon cross sectional Area		Weather	
Inclination		Tendon Modulus of Elasticity		Temperature	
Diameter of Drill hole(mm)		Type of Ground			

Load step	1st Loading Cycle			2nd Loading Cycle			3rd Loading Cycle			4th Loading Cycle			5th Loading Cycle			6th Loading Cycle			Refined Loading Cycle		
	Ta	T1	T1*	T2	T2*	Ta	T3	T3*	Ta	T4	T4*	Ta	T5	T5*	Ta	T6	T6*	Ta	Tp		
Load, T(ton)																					
Gauge reading																					
Extension, △L(mm)																					
Piston stroke, △Lk(mm)																					
B/P movement, △s(mm)																					

Draw-in Limit of Locking Cone/Wedge Specifide by Manufacture = 6mm Measured Draw-in : 6.0mm

Deformation Increase(Load Constant)

	T1(ton)=15.0				T2(ton)=20.0				T3(ton)=25.0				T4(ton)=30.0				T5(ton)=35.0				Tp(ton)=37.5			
	Calc. Extension, △Lr(mm)		condition satisfied yes/no		Calc, Extension,△Lr (mm)		condition satisfied yes/no		Calc, Extension,△Lr (mm)		condition satisfied yes/no		Calc, Extension,△Lr (mm)		condition satisfied yes/no		Calc, Extension,△Lr (mm)		condition satisfied yes/no		Calc, Extension,△Lr (mm)		condition satisfied yes/no
	△l1'	△l'allow			△l2'	△l'allow			△l3'	△l'allow			△l4'	△l'allow			△l5'	△l'allow			△lp'	△l'allow	
0			Y				Y				Y				Y				Y				Y
(a) △t =																							
(b) 3△t =																							
(c) 10△t =																							
	T1*	△T1'	△T1allow		T2*	△T2'	△T1allow		T3*	△T3'	△Tallow		T4*	△T4'	△Tallow		T5*	△T5'	△Tallow		Tp*	△Tp'	△Tallow

Loss of Load (Deformation Constant)

Condition	Record	Crteria	condition satisfied yes/no	Remark
effective free length		0.9(Lf+Lb) ≤Lef ≤1.1(Lf+Lb)		
note				Supervised by
				Approved by

참고문헌

대한토목학회(2008), 도로교 설계기준 해설.

국토해양부(2011), 그라운드앵커 설계·시공 및 유지관리 매뉴얼.

국토해양부(2011), 건설공사 비탈면 설계기준.

이상덕(1996), 전문가를 위한 기초공학, 엔지니어즈.

한국기술표준원(2011), P.S 강선 및 P.S 강연선, KS D 7002, 한국철강협회.

AASHTO(1990), "Tieback Specifications," AASHTO-AGC-ARTBA Task Force 27, British Standards Institution, London.

B.S 2691, 1969 : "Steel Wire for Prestressed Concrete".

B.S 4447, 1973 : "The Performance of Prestressing Anchorages for Post Tensioned Construction".

British Standards Institution.(1980), "Draft Proposal for Ground Anchors," London.

British Standards Institution.(1989), BS 8081 : "British Standard Code of practice for Ground anchorages," London.

Canadian Geotechnical Socity(1992), "Canadian Foundation Engineering Manual".

Civil Engineering Services Department Hong Kong(1989), "Model Specification for Prestressed Ground Anchors".

Coates, D. F. and Y. S. Yu.(1970), "Three Dimensional Stress Distributions Around a Cylindrical Hole and Anchor," Proc. 2nd Int. Conf. on Rock Mech., Belgrade.

Deutshe Industrie Norm(DIN)(1974), "Verprebanker fur Dauernde Verankerun-gen(Daueranker) Lockergestein," Ausfuhrung und Prufung, DIN 4125, Vol. 2.

FIP(1973), "Final Draft of the Recommendations FIP Subcommittee on Prestressed Ground Anchors".

Gregory P. Tschebotarioff(1975), "Foundations, Retaining and Earth Structures," McGRAW-HILL KOGAKUSHA, LTD.

Ivering, J. W.,(1981), "Development in the Concept of Compression Tube Anchors," Ground Eng., 14(2 March), 31-34, London.

Kim, Jiho, Jeong, Hyeon-sic, Kwon, Oh-Yeob, Shin Jong-h(2014), "Characteristics of Multi load transfer Ground anchor system" j of Korean Tunn Undergr Sp Assoc 16(1) 25-50.

Littlejohn, G. S.,(1980), "Design Estimation of Ultimate Load Holding Capacity of Ground Anchors," Ground Engineering Publ. Essex, England.

Littlejohn, G. S.,(1982), "Design of Cement Based Grouts," Proc. Grouting in Geotechnical Eng. ASCE, New Orleans.

PTI.(2004),"Recommendations for Prestressed Rock and Soil Anchors.

Petros P. Xanthakos.(1991), "Ground Anchors and Anchored Structures," A Wiley-Interscience Publication.

SIA. Edition Ground Anchors(1977), Swiss Society of Engineers and Architects.

Thorburn, S. and Littlejohn, G. S.(1993), "Underpinning and Retention," Champman & Hall.

U.S. Department of transportation Federal highway administration.(1999), Geotechnical engineering circular No. 4 "Ground anchors and anchored systems.

찾아보기

저자 소개

김지호

공학박사
(주)쏘일텍코리아 대표이사
대림대학교 토목환경공학과 겸임교수

정현식

토질 및 기초기술사
(주)쏘일텍코리아/기술연구소/상무

실무자를 위한 지반앵커공법

초판 발행 2016년 04월 29일
초판 2쇄 2021년 11월 30일

저　　자 김지호, 정현식
펴 낸 이 김성배
펴 낸 곳 도서출판 씨아이알

책임편집 최장미
디 자 인 송성용, 윤미경
제작책임 김문갑

등록번호 제2-3285호
등 록 일 2001년 3월 19일
주　　소 (04626) 서울특별시 중구 필동로8길 43(예장동 1-151)
전화번호 02-2275-8603(대표)
팩스번호 02-2275-8604
홈 페 이 지 www.circom.co.kr

I S B N 979-11-5610-222-9 93530
정　　가 22,000원